面向三维 GIS 的 Cesium 开发与应用

Development and Application of Cesium for 3D GIS

李军 赵学胜 李晶·编著

测绘出版社

·北京·

内容简介

　　三维和动态地理信息系统是城市规划、资源管理、智能交通、应急安全、地质调查等领域的重要支撑技术。在此背景下,三维软件产品迎来极大需求,而 Cesium 软件凭借其开源、高效及处理三维地理大数据的优势,获得众多开发者和用户的青睐。本书针对地理信息领域的空间信息三维表达、可视化与分析应用,介绍 Cesium 的开发基础知识、应用方法和典型案例。

　　本书的读者对象为地理信息科学、测绘工程、遥感科学与技术等专业的本科生、研究生和科研人员,地理信息系统开发人员及计算机领域的三维开发人员等。

图书在版编目(CIP)数据

　　面向三维 GIS 的 Cesium 开发与应用 / 李军,赵学胜,李晶编著. -- 北京:测绘出版社,2021.6(2022.11 重印)

　　ISBN 978-7-5030-4342-0

　　Ⅰ. ①面… Ⅱ. ①李… ②赵… ③李… Ⅲ. ①地理信息系统—应用软件 Ⅳ. ①P208

　　中国版本图书馆 CIP 数据核字(2020)第 258824 号

责任编辑	雷秀丽	封面设计	李　伟		责任印刷	陈姝颖
出版发行	测绘出版社		电　话	010—68580735(发行部)		
				010—68531363(编辑部)		
地　址	北京市西城区三里河路 50 号		网　址	www.chinasmp.com		
邮政编码	100045					
电子信箱	smp@sinomaps.com		经　销	新华书店		
成品规格	169mm×239mm		印　刷	北京建筑工业印刷厂		
印　张	10.5		字　数	200 千字		
版　次	2021 年 6 月第 1 版		印　次	2022 年 11 月第 3 次印刷		
印　数	3001—5000		定　价	48.00 元		
书　号	ISBN 978-7-5030-4342-0					

本书如有印装质量问题,请与我社发行部联系调换。

前　言

随着人们对时空信息需求的日益增长,地理信息系统(GIS)及相关技术已逐步渗入社会各行各业,并得到广泛应用。三维 GIS 由于其表达真实、信息丰富、呈现直观等特点已成为地理信息科学领域的重要发展方向,为数字城市、交通规划、虚拟旅游等提供了必不可少的技术支撑。在此背景下,三维 GIS 产品与开发技术具有非常大的实际需求。Cesium 是近几年来发展的一种三维地球和地图可视化JavaScript 库,支持海量二维和三维地理数据的高效管理、分析和可视化,为三维GIS 开发提供了开源、友好、稳定、高性能的开发平台。

目前,Cesium 开发技术的学习主要依赖于其官方网站文档和互联网上的技术博客经验分享,缺乏专门面向 GIS 领域的系统性、体系化的专业书籍,给 Cesium 开发人员带来不便。针对此问题,本书旨在围绕三维和动态 GIS 核心应用需求,系统地介绍 Cesium 开发基础知识、空间数据管理、场景可视化、三维分析与模拟及典型应用方法,并给出详细的开发实例代码。相信本书将在三维和动态 GIS 开发领域产生一定的应用价值,为 GIS 开发者与应用人员带来便利。

本书针对 GIS 领域的空间信息三维表达、可视化与分析应用,讲述 Cesium 的开发基础知识、应用方法和典型案例。全书共 10 章,第 1～3 章介绍 Cesium 的开发基础知识,第 4～5 章介绍 Cesium 的空间数据加载、管理与查询的开发方法,第6～7 章介绍静态场景和动态数据的三维可视化方法,第 8～9 章介绍三维分析与模拟方法,第 10 章以一个综合实例介绍应用 Cesium 开发的系统架构、功能、界面设计和具体功能开发的全过程。

本书适合国内开设"地理信息科学""测绘工程""遥感科学与技术"等专业的高等院校本科生、研究生作为教材使用,也可作为相关科研和技术人员的开发参考书。

本书的编撰得到了许多老师和同行的关怀与支持,他们为本书的编写提出了许多宝贵建议;孙文童、梅晓龙、刘举庆、王金阳、王兴娟、杨尚基、丛婷婷等研究生和本科生参与了本书部分文字与示例代码的整理工作,在此一并表示衷心的感谢。本书内容参照了相关专业书籍、技术网站和技术博客等资料,在此谨向他们表示诚挚的敬意。

由于笔者水平和时间有限,书中难免有错误和不妥之处,希望读者不吝指正。

扉 图

扫码浏览本书数字资源

相关网站及
拓展学习资料

彩色插图

视频演示：
飞机粒子系统
（详见135页）

视频演示：
室内消防演练
（详见143页）

视频演示：
校园漫游功能
（详见146页）

视频演示：
校园室内效果
（详见147页）

视频演示：
校园全景场景
（详见151页）

目　录

1 GIS 与 Cesium 概述

作为全书开篇,本章将带领大家了解地理信息系统(geographic information system,GIS)与 Cesium 的基本情况。对于地理信息系统,将重点介绍万维网地理信息系统(WebGIS)和三维地理信息系统(三维 GIS),并总结目前国内外主流的网络和三维 GIS 软件。对于 Cesium,将介绍其基本含义、特点以及主要功能和应用,列举 Cesium 开发的相关学习资源,方便读者更加深入地了解和认识 Cesium。

1.1 什么是 GIS?

美国联邦数字地图协调委员会(Federal Interagency Coordinating Committee on Digital Cartography,FICCDC)给出 GIS 的定义为:GIS 是由计算机硬件、软件和不同的方法组成的系统,来支持空间数据的采集、管理、处理、分析、建模和显示,以便解决复杂的规划和管理问题。GIS 由管理人员通过硬件系统输入和存储空间数据,然后交由软件系统对空间数据进行地理分析等操作,最后输出结果供管理人员分析决策。

地理信息系统萌芽于 20 世纪 60 年代初,加拿大著名学者罗杰·汤姆林森(Roger Tomlinson)领导建立第一个 GIS 系统——CGIS。经过 50 多年的发展历程,地理信息系统成为一门集地理学、计算机、遥感技术和地图学于一体的综合交叉学科,广泛应用到测绘、资源管理、环境监测、城市规划、土地管理及交通、水利、林业等各个领域。近 20 年来,计算机性能与互联网技术显著提升,地理信息系统与互联网高度融合,实现了人类对社会巨大资源的共享和利用,WebGIS 和三维 GIS 应运而生,迎来高速发展。

1.2 WebGIS 与三维 GIS

1.2.1 WebGIS

WebGIS 是指发布在万维网上的 GIS,是传统的 GIS 在网络上的延伸和发展,具有传统 GIS 的特点,可以实现空间数据的检索、查询、制图输出、编辑等 GIS 基本功能,同时也是网络上地理信息发布、共享和交流协作的基础。

与传统的桌面端 GIS 相比,WebGIS 更具灵活性和扩展性,只需要在计算机上安装通用的浏览器,打开网页即可使用,用户可以访问位于不同服务器上的最新数据,数据更新更加方便及时。WebGIS 操作相对简单,虽然桌面端的软件功能较多,但是大部分用户常用的操作只是一些基础功能,在 Web 端可以根据用户的需求定制开发,使得用户更加容易接受,不具备 GIS 专业背景的用户也可轻松上手。各类网络地图产品即是 WebGIS 的最典型应用,给千千万万的用户带来极大的出行方便。

随着计算机和网络技术的发展,主要 GIS 厂商发布了多款 WebGIS 的商业平台,应用广泛的国外产品有 ArcGIS Online、SkyLine TerraExplorer 等,国内产品如 SuperMap iClient、MapGIS 3DClient for WebGL 和 GeoStar、GeoGloble 等。针对不同的需求,用户可以选择合适的平台。此外,一些开源社区还发布了开源 WebGIS 项目,如表 1.1 所示。

表 1.1　典型的开源 WebGIS 项目

类型	开源 GIS 项目	说明
服务器端	GeoServer、MapServer、Geodjango	GeoServer 基于 J2EE 框架,MapServer 核心部分基于 C 语言
数据库	PostGIS/PostgreSQL、MySQLSpatial	主要用于存储空间数据
Web 端开发框架	Leaflet、OpenLayers、Mapbox GL、Cesium	前三者主要应用于二维 GIS 开发,Cesium 则主要应用于三维 GIS 开发

1.2.2　三维 GIS

随着计算机三维图形学技术日趋成熟和人们对三维空间信息的强烈需求,三维 GIS 随时代的潮流迅猛发展。三维 GIS 与二维 GIS 一样,具备最基本的空间数据处理功能,如数据获取、数据管理、数据分析和数据可视化等。同时相比于二维 GIS,三维 GIS 具有以下三个特点:

(1)直观性。直观性是三维 GIS 的最显著特点,三维可视化技术对空间物体进行 360°全方位展示,用户能够最大程度认识三维空间信息。

(2)数据量大。空间物体的三维表达相比二维表达意味着更大的数据量,特别是在大场景应用时,巨大的数据量使得需要对数据库进行有效管理,具有高效的数据存取能力。

(3)复杂的数据结构。三维不是对二维的简单扩展,三维空间中增加了许多新的数据类型,空间关系也变得更加复杂。

为了对现有的三维 GIS 平台有一个基础了解,下面介绍国内外主要的三维 GIS 开发平台。

1. 国外三维 GIS 软件

国外三维 GIS 软件起步较早,发展较快,以 Google 和 ArcGIS 为代表,技术先进，市场占有率高。国外主要三维 GIS 软件有：

（1）谷歌地球（Google Earth）。Google Earth 是一款由美国谷歌公司开发的虚拟地球软件，它将卫星影像、航空摄影和 GIS 部署在一个三维地球模型上。谷歌地球于 2005 年向全球推出，被《PC 世界杂志》评为 2005 年全球 100 种最佳新产品之一。用户可以通过安装在本地的客户端软件，免费浏览全球各地高清晰度的卫星影像。谷歌地球分为免费版和专业版。

（2）ArcGIS 三维模块。ArcScene 是 Esri 公司出品的三维可视化应用程序，适合区域场景三维可视化，支持三维数据的创建、编辑、管理和分析。ArcScene 基于 OpenGL 开发，也支持不规则三角网模型（TIN）数据显示，如图 1.1 所示。

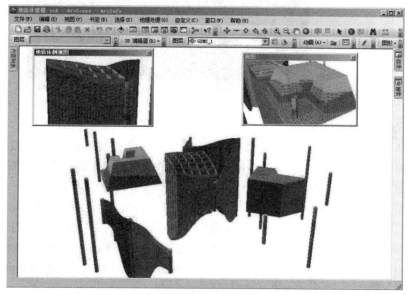

图 1.1　ArcScene 界面

ArcGlobe 同样是 Esri 公司出品的三维可视化应用程序，与 ArcScene 不同的是，ArcGlobe 支持全球级三维数据的快速浏览、创建、编辑、管理和分析，为三维客户端提供服务，如图 1.2 所示。

（3）SkylineGlobe。SkylineGlobe 是基于网络的三维地理信息云服务平台，集数据处理、数据展示、数据分析应用及网络发布于一体。凭借三维数字化显示技术，它可以利用海量的遥感航测影像数据、数字高程数据及其他二、三维数据搭建出一个模拟真实世界的三维场景。

（4）Virtual Earth 3D。Virtual Earth 3D 是微软公司开发的三维地图平台，可以呈现完整交互式的三维图片，通过插件使用者可以浏览美国 15 个主要城市的全方位三维图片。Virtual Earth 3D 的下一步计划就是能够完整呈现出美国主要城市的街道其至商店标识,让用户可以通过地图直接浏览美国的主要城市。

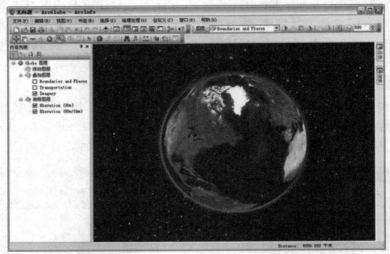

图 1.2 ArcGlobe 界面

2.国内三维 GIS 软件

近年来,国内 GIS 软件发展迅速,市场占有率逐步提高,以超图为代表的国内 GIS 厂商纷纷发布三维 GIS 软件,取得良好的反响。国内商业三维 GIS 软件和工具主要有:

(1)SuperMap GIS。SuperMap GIS 是超图软件公司开发的 GIS 基础软件系列,以二、三维一体化 GIS 技术为基础框架,进一步拓展二、三维一体化数据模型,融合倾斜摄影、建筑信息模型(BIM)、激光点云等多源异构数据,推动三维 GIS 实现室外室内一体化、宏观微观一体化与空天、地表、地下一体化,赋能全空间的三维 GIS 应用。图 1.3 为 SuperMap GIS 的三维效果图。

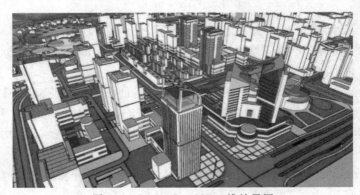

图 1.3 SuperMap GIS 三维效果图

（2）MapGIS。MapGIS 是武汉中地数码科技有限公司研制的地理信息系统，其中 MapGIS 3DClient for WebGL 是基于 WebGL 的轻量级三维 GIS 网络客户端开发平台，实现了跨平台、跨浏览器、无插件的三维 GIS 应用开发。该平台基于 HTML5/JavaScript 开发，开发者无须搭建开发环境，在文本编辑器和浏览器中即可进行开发。图 1.4 展示了 MapGIS 产品丰富的三维专业分析与数据处理功能。

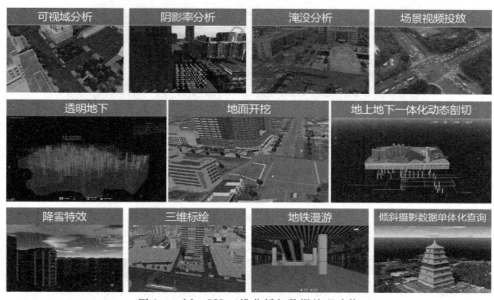

图 1.4　MapGIS 三维分析与数据处理功能

（3）GeoGlobe。GeoGlobe 是由武大吉奥信息技术有限公司开发的地理信息服务平台软件，可以为用户提供简单易懂的使用方式，灵活便捷的开发方式，实现随时随地对空间信息的获取和共享，支持全球、区域、城市、建筑内部多种尺度的三维场景构建，具备地上地下、室内室外一体化浏览，以及查询与分析能力。图 1.5 是 GeoGlobe 平台的三维场景应用效果。

（4）EV-Globe。EV-Globe 是由国遥新天地信息技术有限公司开发的具有自主知识产权的三维空间信息平台。EV-Globe 将三维影像、矢量显示技术无缝集成在一起，实现全球影像三维高速浏览，矢量、栅格数据一体化管理，二、三维矢量联动，并具备地理标注和三维分析等功能。EV-Globe 着重在数据访问、图形渲染、应用程序框架等不同层次解决异构平台的统一开发问题，在此基础上形成了二、三维一体化全平台统一开发框架构，其内核采用 C++语言构建，并提供 C♯、Java 语言扩展，在此技术体系之上构建 Web 端、移动端及桌面端全平台应用程序。

图 1.5　GeoGlobe 三维场景应用效果

（5）CesiumLab。CesiumLab 是北京西部世界科技有限公司开发的基于 Cesium 引擎的免费工具包，包含数据处理工具集，输出标准的地形切片、WMTS 切片、3D Tiles 切片；内嵌式超文本传送协议（HTTP）分发服务器，支持按图层管理数据服务，以及一套内嵌的样式、场景服务辅助用户使用；部分开源的二次软件开发工具包（SDK），包含完整的分析测量、模型位置编辑、效果调整等功能。图 1.6 为 CesiumLab 的主界面。

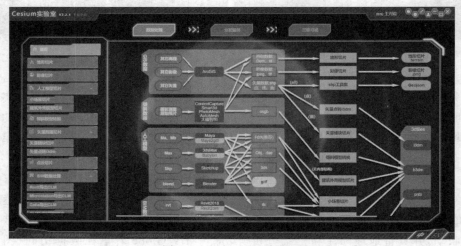

图 1.6　CesiumLab 主界面

（6）Mars3D。Mars3D（MarsGIS for Cesium）是合肥火星科技有限公司开发的网络三维地图开发平台系统，基于 Cesium 和现代网络技术构建，集成了开源地图库、可视化库，提供了大数据可视化、实时流数据可视化功能。Mars3D 开发的三维场景如图 1.7 所示。

图 1.7　Mars3D 三维场景

3. 开源三维可视化平台

与此同时,国内外开源社区发布了许多优秀三维可视化平台,下面介绍目前比较热门的开源三维可视化平台或开发工具包。

(1)Cesium。Cesium 是一个跨平台、跨浏览器的展示三维地球和地图的开源 JavaScript 库。它支持 2 维、2.5 维、3 维形式的地图展示,可以绘制各种几何图形、高亮区域,支持导入图片和三维模型等多种数据可视化展示。此处不展开介绍,后续将重点介绍 Cesium 三维地理数据可视化的强大功能。Cesium 主界面如图 1.8 所示。

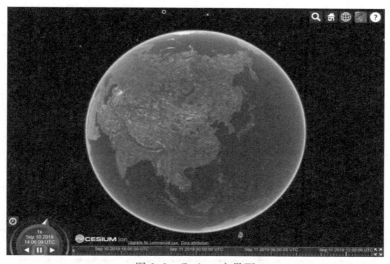

图 1.8　Cesium 主界面

（2）Three. js。Three. js 是一个三维绘图 JavaScript 库，它封装了底层 WebGL 类和函数，使得程序员能够在无需掌握繁冗的图形学知识的情况下，也能用简单的代码实现三维场景的渲染，以降低 WebGL 三维可视化开发难度。众所周知，更高的封装程度往往意味着灵活性的牺牲，但是 Three. js 在这方面做得很好。除了 WebGL 之外，Three. js 还提供了基于 Canvas、SVG 标签的渲染器。图 1.9 为使用 Three. js 建立的一些场景。

图 1.9　Three. js 应用场景

（3）Mapbox GL。Mapbox 是移动端和 Web 应用程序的地理信息数据平台。提供了丰富精美的在线地图及地图风格设计器；Mapbox GL JS 是 Mapbox 提供的 Javascript SDK，可用于各种前端地理信息数据可视化的开发。Mapbox GL JS 可视化效果丰富，使用方便，良好的可扩展性和丰富的插件使之可以满足开发者的各种需求。图 1.10 为 Mapbox 的一些可视化效果图。

图 1.10　Mapbox 可视化效果

（4）ECharts（Enterprise Charts）。ECharts 是基于 JavaScript 的商业级图表库，可以流畅地运行在 PC 和移动设备上，兼容当前绝大部分浏览器（IE6/7/8/9/10/11、Chrome、Firefox、Safari 等），底层依赖轻量级的 Canvas 类库 ZRender（http://ecomfe.github.io/zrender/），提供直观、生动、可交互、可高度个性化定制的数据可视化图表及三维地理数据可视化。图 1.11 展示了使用 ECharts 构建三维模型的效果图。

图 1.11　ECharts 三维模型效果

（5）DECK.GL。DECK.GL 是由 Uber 公司开发并开源出来的基于 WebGL 的大数据量可视化框架。它具有提供不同类型可视化图层、图形处理单元（GPU）渲染的高性能、结合地理信息数据的特点，允许通过组合现有图层构建复杂场景，并且可以轻松地将新场景作为可重用图层进行打包和共享。DECK.GL 与 React 非常匹配，支持反应式（reactive）编程范例下的高效 WebGL 类库渲染。当与 Mapbox GL 集成使用时，它会自动与 Mapbox 相机系统协调，以便在基于 Mapbox 的地图上提供引人注目的二维和三维可视化效果。图 1.12 为 DECK.GL 可视化效果。

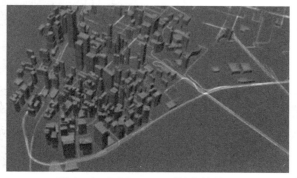

图 1.12　DECK.GL 可视化效果

（6）Maptalks。Maptalks 项目是一个 HTML5 的地图引擎，基于原生 ES6

JavaScript 开发。具有以下特性：①二、三维一体化地图，通过二维地图的旋转、倾斜增加三维视角；②插件化设计，能与其他图形库结合，开发各种二、三维效果。图 1.13 为 Maptalks 的可视化效果。

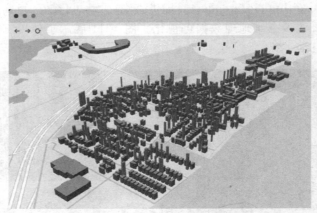

图 1.13　Maptalks 的可视化效果

（7）World Wind。World Wind 是 NASA Research 发布的一个开放源代码的地理科普软件，是一个可视化地球仪，将美国国家航空航天局（NASA）、美国地质调查局（USGS）及其他网络地图服务（WMS）公司提供的图像通过一个三维的地球模型展现，还包含了火星和月球的展现。用户可在所观察的行星上随意地旋转、放大、缩小，同时可以看到地名和行政区划。图 1.14 是 World Wind 的初始界面。

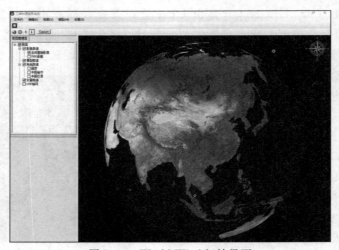

图 1.14　World Wind 初始界面

（8）OpenSceneGraph（OSG）。OSG 是一个开源的三维实时场景图开发引擎，被广泛应用在可视化（飞行、船舶、车辆、工艺等仿真）、增强现实，以及医药、教育、游戏等领域。OSG 采用标准 C++ 语言和 OpenGL 库编写而成,几乎可以支持所有的操作系统平台,它使用 OpenGL ES 使得可以支持手持台、平板及其他嵌入式设备,使用 OpenGL 使得其可以在所有的家用电脑及中型大型机和集群上进行工作。图 1.15 展示了 OSG 的城市三维场景。

图 1.15　OSG 城市三维场景

1.3　什么是 Cesium?

Cesium 是 AGI 公司计算机图形开发小组于 2011 年研发的三维地球和地图可视化开源 JavaScript 库(CesiumJS)。Cesium 一词来源于化学元素铯(cesium)。铯是制造原子钟的关键元素,研发小组通过命名强调 Cesium 产品精益求精,专注于时空数据可视化。Cesium 支持海量三维模型数据、影像数据、地形高程数据、矢量数据等丰富的地理数据的高效加载显示,在交通、规划、城市管理、地形仿真等领域具有非常广泛的应用。Cesium 为三维 GIS 提供了一个高效的数据可视化分析平台。Cesium 具有以下特点:

(1)跨平台、跨浏览器、无插件。Cesium 是一个跨平台、跨浏览器展示三维地球和地图的 JavaScript 库。Cesium 通过 WebGL 进行图形渲染,使用时不需要任何插件支持,但是浏览器必须支持 WebGL,目前版本较新的主流浏览器都已支持 WebGL。

(2)强大的地理数据可视化能力。Cesium 自定义的 3D Tiles 数据格式支持海量数据高效渲染,支持时间序列动态数据的三维可视化,具备太阳、大气、云雾等地理环境要素的动态模拟及其他自定义三维模型、地形等要素的加载绘制。

(3)丰富的可用工具。Cesium 支持三类地图模式,即三维地球(3D)、二维地图(2D)及哥伦布视图(2.5D)。Cesium 的图层选择器定义了丰富的地图和地形图层,为开发者预备了地址搜索和信息属性框等基础交互功能。Cesium 支持全屏模式和网络虚拟现实(WebVR)模式。

1.4 Cesium 的功能与应用

1.4.1 Cesium 主要功能

Cesium 能够实现 WebGIS 的主要功能,如要素展示、交互查询、空间分析等功能。下面介绍 Cesium 的三个重要功能:大规模三维数据管理、三维地形分析和动态场景可视化。

(1)使用 3D Tiles 格式可加载大规模的多样化三维数据,包含倾斜摄影数据、三维建筑物模型、CAD 软件文件、BIM 数据、点云数据等,并支持样式配置和用户交互操作。大规模三维数据展示效果如图 1.16 所示。

图 1.16 大规模三维数据加载效果

(2)支持全球级别高精度三维地形和图层服务,包含地形(terrain)、网络地图瓦片服务(WMTS)、瓦片地图服务(TMS)及网络地图服务(WMS)在内的多种地形、图层数据服务。三维地形分析效果如图 1.17 所示。

图 1.17 三维地形分析

（3）定义 CZML 数据格式，支持大场景时序动态数据的三维可视化，并且具备粒子系统，能够模拟各种自然或人为事件，如模拟雨雪天气，模拟飞机着火险情，模拟火箭发射箭体分离的过程，分别如图 1.18、图 1.19、图 1.20 所示。

图 1.18　Cesium 雨雪模拟

图 1.19　航班火情模拟

图 1.20　火箭发射动态模拟

1.4.2 Cesium 典型应用

　　Cesium 因其丰富的可视化功能和优异的大数据处理性能,在多个行业领域得到了应用,例如在城市资产管理、城市规划等领域的应用。本书将以 Cesium 官方网站的案例介绍其典型应用。

　　1. 资产管理

　　利用无人机获取的高分辨率倾斜摄影成果,经过格式转换,倾斜摄影影像转换为 Cesium 支持的 3D Tiles 格式,实现在线资产管理和维护,如图 1.21 所示。用户只需单击鼠标右键即可提取数据中任意点的原始全分辨率图像,如图 1.22 所示。此外支持用户双屏查看模型并观察关键差异,改善用户对不断变化的资产的理解,如图 1.23 所示。

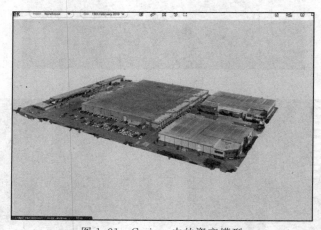

图 1.21　Cesium 中的资产模型

图 1.22　影像切换

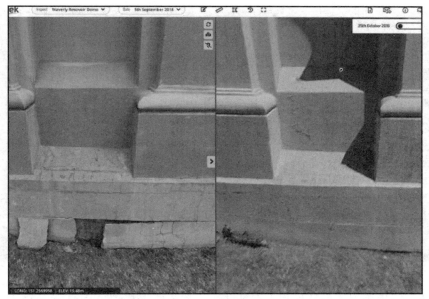

图 1.23　双屏对比修复前后变化

2. 城市电动自行车共享

i_city 电动自行车共享是一个基于 Cesium 开发的德国斯图加特市的电动自行车共享系统,图 1.24 为系统界面。

图 1.24　i_city 系统界面

该系统从安装在自行车上的传感器获取数据,这些传感器可跟踪各种数据,如电池电量、海拔高度、踏板力和电机支持级别等。通过比较所选参数的图表为研究人员提供更多信息,如图 1.25 所示。

15

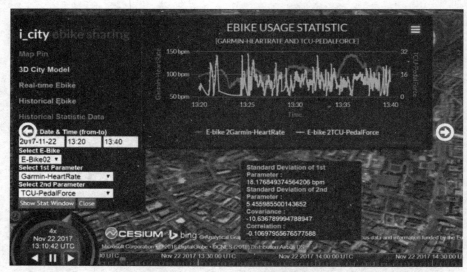

图 1.25　i_city 的传感器数据分析

通过将传感器数据转换为 CZML 格式,系统能够模拟电动自行车轨迹,并随时间推移进行路径可视化。为了帮助用户更好地了解该区域,自行车路线设置在三维城市模型中,与自行车站和公交车站等关注点相结合,如图 1.26 所示。

图 1.26　i_city 的三维行驶路径模拟

3. 智慧园区管理

基于 Cesium 三维平台开发的福建省福州市天马山公园智慧园区管理平台,如图 1.27、图 1.28、图 1.29 所示,实现了虚拟场景和智能设备监测信息的可视化、多源数据的无缝转换与展示、共享,支持路线规划,并实现了监测设备的信息统计、监测数据失常报警、火灾模拟等功能。

图 1.27 天马山公园智慧园区管理平台

图 1.28 旅游路线规划

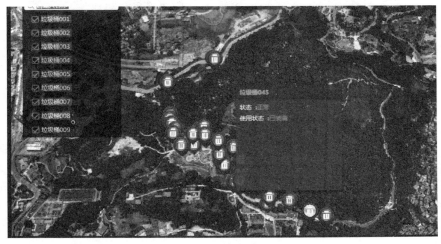

图 1.29 设备状态监测

4．三维仿真模拟

基于 Cesium 三维平台开发的长江流域水资源管理决策支持系统，如图 1.30、图 1.31 所示，将流域内的庞大水资源数据进行多尺度、多维度的动态模拟。结合水资源专业模型计算结果，对流域真实的演进过程进行了仿真模拟，实现了水资源管理的可视化功能需求。

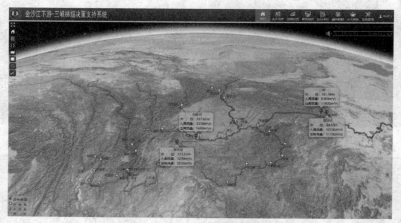

图 1.30　长江流域仿真场景

图 1.31　库尾淹没分析

5．城市规划管理

基于 Cesium 构建面向城市规划管理应用的三维实景地图信息系统，如图 1.32、图 1.33 所示，实现了将三维实景模型应用在城市规划管理违建拆除和规划分析领域。在规划管理查询功能中，系统主要接入二、三维多源业务数据，实现高精度实景地图漫游、实时视频监控、点位查询和二维与三维一体化等功能，可以快速查找重点点位业务信息，便于了解现场拆违与重建情况，更精准地呈现城区规划中的宏观格局。在三维辅助规划分析功能中，突出三维 GIS 分析方法在交通规

18

划、建筑物选址和城市整体景观设计等方面的辅助规划作用。

图 1.32 拆迁位置标示

图 1.33 三维量测分析

2 Cesium 快速入门

Cesium 作为前端可视化图形库,要求开发者熟悉前端开发知识。本书默认开发者具备前端技能,建议对此部分内容不了解的读者先学习 Web 前端开发基础。本章将从 Cesium 安装部署、基础控件及构建 Cesium 应用程序三个方面帮助读者快速学习 Cesium 开发过程,读者通过学习本章内容能生成自己的三维场景*。

2.1 安装 Cesium

使用 Cesium 之前需要在 Cesium 官方网站(https://cesiumjs.org/downloads)下载 Cesium 开发包(图 2.1)。Cesium 开发包大约是每月更新一个版本,足见 Cesium 的受欢迎程度。2014 年 8 月 1 日正式公布第 1 版 Cesium,截止到本书成稿时间,Cesium 已发布到第 1.56.1 版,命名为 CesiumJS 1.56.1,本书应用程序的开发全部基于 CesiumJS 1.56.1 版本。

图 2.1　Cesium 开发包下载

按照上文所述方法获取 Cesium 的压缩包,并将其解压至本地磁盘(可任意放置),获取 Cesium 开发包,如图 2.2 所示。各文件或文件夹的作用如下。

(1)Apps:包含一个最简单的 HelloWorld 官方实例,最重要的是包含了一些

---

*　笔者的 Cesium 开发环境是 Windows 10 操作系统,浏览器选用 Chrome 浏览器,编译器采用 WebStorm。

样例数据和示例程序源码,提供了丰富的参考代码。

（2）Build：开发资源包及其相关依赖文件的集合，是最主要的开发文件包。

（3）Source：Cesium 自带应用程序代码和数据。

（4）Specs：Cesium 的自动化单元测试，采用 Jasmine 框架。

（5）ThirdParty：外部依赖库。

（6）CHANGES. md：版本更新日志。

（7）gulpfile. js：打包脚本。

（8）index. html：主要的 HTML 页面。

（9）LICENSE. md：应用程序的使用条款说明。

（10）package. json：记录了项目的详细信息。

（11）server. js：官方提供的基于 Node. js 的运行环境搭建的脚本文件。

（12）web. config：配置文件。

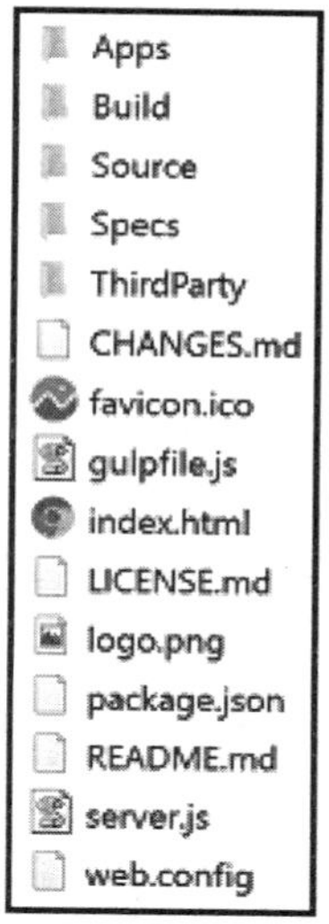

图 2.2　CesiumJS 1.56.1
所包含文件

Cesium 不可直接运行 index. html 来启动项目，需要通过本地 Web 服务器来发布 Cesium 项目。Cesium 官网通过 Node 启动 Cesium 服务，开发者也可通过 Tomcat 启动 Cesium 服务。最简单的方法是利用 WebStorm、Sublime、HBuilder 等具备 Web 服务功能的编译器直接启动项目服务。以下分别介绍三种启动 Cesium 服务的方式。

1. Node 启动

用 Node. js 设置 Web 服务器很简单，只需经过三个步骤：

（1）从官网 https://nodejs. org/en 下载 Node. js，可以使用默认的安装设置。

（2）Cesium 工程文件放在计算机本地磁盘，命名为 Cesium-AutoLight，使用 cmd 命令行切换到 Cesium 工程的根目录，通过执行 npm install 来下载和安装所需要的模块，如图 2.3 所示。命令执行完成后会在 Cesium 工程的根目录自动创建一个名为 node_modules 的文件夹，如图 2.4 所示。

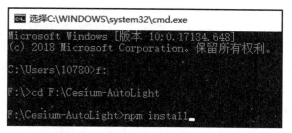

图 2.3　Cesium 的 Node 启动方式

图 2.4　安装完成

（3）在 Cesium 工程的根目录，通过执行 node server.js 命令来启动 Web 服务器，启动后如图 2.5 所示。

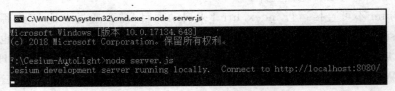

图 2.5　启动 Web 服务器

（4）在浏览器中输入 http://localhost:8080/，若出现如图 2.6 所示界面，说明 Cesium 服务启动成功。

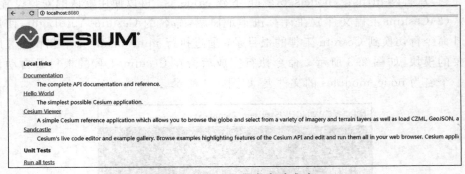

图 2.6　Cesium 服务启动成功

2. Tomcat 启动

（1）开发者自行下载并配置 Tomcat 服务器。本书默认 Tomcat 已配置安装成功，查看 Tomcat 根目录文件夹，如图 2.7 所示。

名称	修改日期	类型	大小
bin	2018/1/18 19:43	文件夹	
conf	2018/10/18 15:14	文件夹	
lib	2018/1/18 19:42	文件夹	
logs	2019/3/28 14:44	文件夹	
temp	2019/3/28 20:15	文件夹	
webapps	2019/3/28 15:04	文件夹	
work	2018/10/18 15:14	文件夹	
LICENSE	2018/1/18 19:42	文件	57 KB
NOTICE	2018/1/18 19:42	文件	2 KB
RELEASE-NOTES	2018/1/18 19:42	文件	7 KB
RUNNING.txt	2018/1/18 19:42	文本文档	17 KB

图 2.7 Tomcat 根目录文件夹

（2）将 Cesium 源代码文件解压之后，复制到 Tomcat 根目录下的 webapps 文件夹下面，如图 2.8 所示。

图 2.8 webapps 文件夹

（3）双击 bin 目录下的 startup. bat 文件启动服务器，当出现图 2.9 所示代码时，说明 Tomcat 启动成功。在浏览器中输入 Tomcat 默认访问网址 http://localhost:8080，即可进入 Cesium 初始化界面。

```
03-Apr-2019 16:36:47.968 信息 [main] org.apache.coyote.AbstractProtocol.start Starting ProtocolHandler ["ajp-nio-8009"]
03-Apr-2019 16:36:47.979 信息 [main] org.apache.catalina.startup.Catalina.start Server startup in 40731 ms
```

图 2.9 Tomcat 服务器启动成功

3. 编译器启动（以 WebStorm 为例）

（1）下载 WebStorm 安装包并安装*。

（2）安装完成后打开 WebStorm 软件，如图 2.10 所示。点击 File 菜单，再点击 Open 菜单，浏览到 Cesium 工程目录后点击 OK，如图 2.11 所示即可将工程加

---

* 高校师生可申请免费账号。

入编译器中。

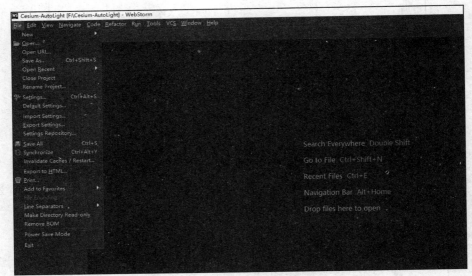

图 2.10   WebStorm 启动界面

图 2.11   WebStorm 中打开 Cesium 目录

（3）在 WebStorm 的项目目录中进入"Apps"文件夹，双击其中的"Helloworld. html"，点击图 2.12 中右侧浏览器图标（确定本地已经安装可选择的浏览器），将会跳转到浏览器界面。若出现图 2.13 的界面，说明 Cesium 服务运行成功。

图 2.12 浏览器选择界面

图 2.13 Cesium 成功运行界面

2.2 Cesium 的默认控件

Cesium 初始界面在默认状态下，还附带了一些有用的小控件，如图 2.14 所示，可以执行一些基本功能。

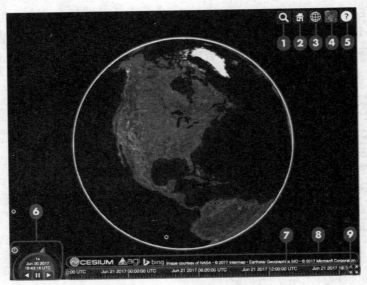

图 2.14　Cesium 初始界面

1. Geocoder

Geocoder 是一种定位搜索工具,它可以定位到查询位置。默认使用微软的 Bing 地图,若更换其他底图可能出现查找不到的结果。Geocoder 支持经纬度坐标和关注点(POI)检索两种方式。例如,输入宁波市,Cesium 将中文进行解码(Bing 地图对中文支持不是很好),然后自动定位到宁波范围的地图,如图 2.15、图 2.16 所示。

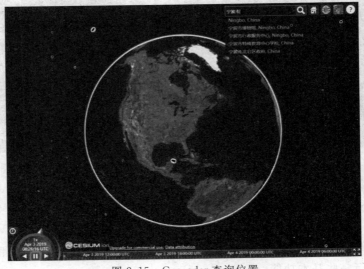

图 2.15　Geocoder 查询位置

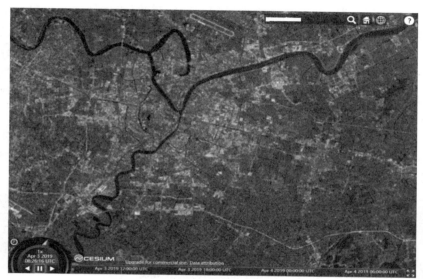

图 2.16 视角自动切换到查询地

还可在 Geocoder 中输入宁波市的经纬度坐标,则同样切换到宁波,如图 2.17 所示。

图 2.17 利用经纬度查询位置

2. HomeButton

HomeButton 是将视野带回到默认视角。Cesium 自定义了默认视角,当点击

HomeButton 图标时,Cesium 自动恢复到初始化视角(美国区域),可以通过以下代码更改默认视角:

```
Camera.DEFAULT_VIEW_RECTANGLE = Rectangle.fromDegrees(89.5, 20.4, 110.4, 61.2);
//将默认视角更改到中国区域
```

自定义 Camera 可视化空间范围,即确定西、南、东、北四个方向参数,则可自定义 Cesium 的 Camera 默认视角。

3. SceneModePicker

SceneModePicker 作为场景控制器,负责 2 维、3 维和 2.5 维(哥伦比亚地图)场景的切换,效果如图 2.18 所示。

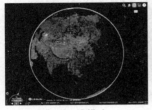  

（a）2维模式　　　　　　（b）3维模式　　　　　　（c）2.5维模式

图 2.18　Cesium 的三种场景模式

4. BaseLayerPicker

BaseLayerPicker 是基础图层选择器,可选择基础地图服务和地形服务。Cesium 默认基础图层是 Bing 影像图,同时也提供众多不同类型底图,如图 2.19 所示。此功能将在 §4.2 中详细说明。

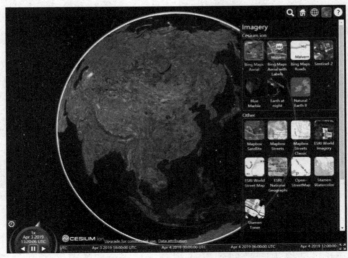

图 2.19　基础图层选择器

5．NavigationHelpButton

NavigationHelpButton 是导航帮助按钮，显示有关地图控制的帮助信息，如图 2.20 所示。

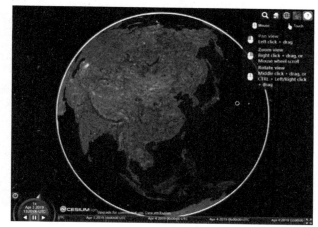

图 2.20　地图控制帮助信息

6．Animation

Animation 控件负责控制场景中动画的播放和暂停，并支持调节动画播放的速率。

7．Timeline

Timeline 用于指示当前时间，并允许用户跳到指定时间。Timeline 类似于视频播放进度条，可以通过鼠标任意切换动画的进度。

Animation 和 Timeline 的使用方式将在 §7.1 中重点介绍。

8．CreditDisplay

CreditDisplay 展示 Cesium 版权和地图数据版权，属于必选项。

9．FullscreenButton

FullscreenButton 是全屏按钮，控制当前页面是否全屏展示。

2.3　建立第一个 Cesium 应用程序

前文内容部署构建了 Cesium 的开发环境，本小节内容将在前文基础上，开发第一个 Cesium 应用程序。正式开始之前，建议开发者申请一个单独令牌（token），便于调用默认 Bing 地图*。申请方式如下：在 Cesium 官网（https://www.cesium.com）

---

　　* 开发过程中若不出现三维地球，控制台报错找不到 Bing API key 等，都是没有申请令牌（token）造成的。

按流程注册账号即可,注册页面如图 2.21 所示。

图 2.21　Cesium 注册页面

　　注册成功后生成个人专属令牌(图 2.22),然后将生成的令牌复制到自己的应用程序中,使用 Cesium ion(Cesium ion 是 Cesium 数据云平台,Cesium ion 支持用户将自己的数据上传,然后在 Cesium 项目中调用)便于开发者调用地图和地形服务。

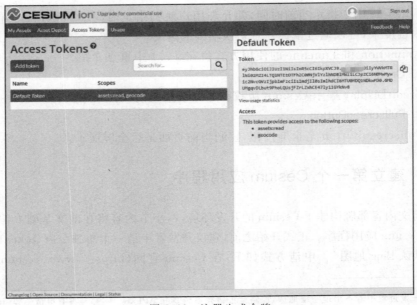

图 2.22　注册生成令牌

获取令牌之后,可创建第一个应用程序:HelloWorld. html。

(1)引入 Cesium. js 库:＜script src＝".. /Build/Cesium/Cesium. js"＞＜/script＞,这一步将整个 Cesium 库中的对象引入到本项目中。

(2)添加 CSS 样式:＜style＞@ importurl(ThirdParty/Cesium/Widgets/widgets. css)＜/style＞。

(3)在 HTML 中创建一个 div 存放 Cesium Viewer 部件:＜div id＝"cesiumContainer"＞＜/div＞。

(4)接下来最重要的是创建 Viewer。Cesium 所有应用基础都基于 Viewer 来完成:var viewer＝new Cesium. Viewer('cesiumContainer'); // 这里的'cesiumContainer'对应之前定义的 div 的 id。

完成以上工作后,运行项目,在浏览器上就可以看到第一个 Cesium 应用程序,如图 2.23 所示。

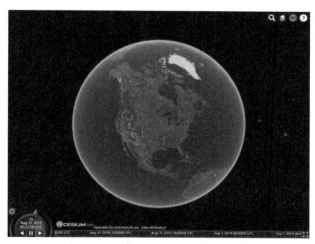

图 2.23 第一个 Cesium 应用程序

完整的 HelloWorld. html 代码如下:

```
＜!DOCTYPE html＞
＜html lang＝"en"＞
＜head＞
  ＜meta charset＝"utf－8"＞
  ＜meta http－equiv＝"X－UA－Compatible" content＝"IE＝edge"＞
  ＜meta name＝"viewport" content＝"width＝device－width, initial－scale＝1, maximum
－scale＝1, minimum－scale＝1, user－scalable＝no"＞
  ＜title＞Hello World! ＜/title＞
  ＜script src＝"../Build/Cesium/Cesium. js"＞＜/script＞
  ＜style＞
```

```
    @import url(../Build/Cesium/Widgets/widgets.css);
    html, body, #cesiumContainer {
        width: 100%; height: 100%; margin: 0; padding: 0; overflow: hidden;
    }
  </style>
</head>
<body>
  <div id = "cesiumContainer"></div>
</body>
<script>
  Cesium.Ion.defaultAccessToken = 'Your Token';
    var viewer = new Cesium.Viewer('cesiumContainer');
</script>
</html>
```

　　以上就是构建第一个 Cesium 应用程序所需要的全部知识。现在读者可动手
尝试搭建自己的 Cesium 平台了。

3　Cesium 开发基础

3.1　Cesium 核心类

Viewer 是 Cesium 的核心类，对应着 Cesium 展示三维要素内容的主窗口，如图 3.1 所示。它不仅仅是包含三维地球的视窗，还包含一些基础控件，所以在定义 Viewer 对象的同时需要设定基础部件、图层等的初始化状态。Cesium 开发的大部分工作在 Scene 场景中执行，包括调用图层、3D Tiles 数据加载、场景交互等。Viewer 和 Scene 有部分内容相同，如设置相机参数，通过这两个类都可以完成，在下文中会对类似情况做出说明。另外 Cesium 提供了 Entity、DataSource 等封装好的数据加载方式，降低了三维开发难度。在本节中将对上述几个主要函数做简要说明，后续内容中将逐步剖析。

1. Viewer

Viewer 类对应地图可视化展示的主窗口，Viewer 对象创建的语句为：

```
new Cesium.Viewer(cesiumContainer,options);
```

其中，cesiumContainer 是地图主窗口 div 的 ID，options 指 Cesium.Viewer 可选设置参数，包含图层、地形、时间系统等参数，种类多样。接下来通过例子介绍常用的选项设置。

```
var viewer = new Cesium.Viewer( 'cesiumContainer', {
    animation: false,        //是否创建动画小控件，即左下角的仪表，默认为 true
    baseLayerPicker: false,      //是否显示图层选择器，默认为 true
    fullscreenButton: false,      //是否显示全屏按钮，默认为 true
    geocoder: false,        //是否显示 Geocoder(右上角查询按钮)，默认为 true
    homeButton: false,        //是否显示 Home 按钮，默认为 true
    infoBox: false,        //是否显示信息框，默认为 true
    sceneModePicker: false,        //是否显示三维地球/二维地图选择器，默认为 true
    selectionIndicator: false,    //是否显示选取指示器(鼠标点击显示绿框)，默认
为 true
    timeline: false,    //是否显示时间轴，默认为 true
    navigationHelpButton: false,        //是否显示右上角的帮助按钮，默认为 true
    scene3DOnly: true,        //如果设置为 true，则所有几何图形以三维模式绘制以节
约 GPU 资源，默认为 false
    clock: new Cesium.Clock(),        //用于控制当前时间的时钟对象
    imageryProvider: new Cesium.OpenStreetMapImageryProvider( {
        url: '//192.168.0.89:5539/planet - satellite/'
```

```
        }),      //设置底图图层,仅在 baseLayerPicker 属性设为 false 时有意义
    terrainProvider: new Cesium.EllipsoidTerrainProvider(),      //设置地形图层,
仅在 baseLayerPicker 设为 false 时有意义
    skyBox: new Cesium.SkyBox({
        sources: {
            positiveX: 'Cesium-1.7.1/Skybox/px.jpg',
            negativeX: 'Cesium-1.7.1/Skybox/mx.jpg',
            positiveY: 'Cesium-1.7.1/Skybox/py.jpg',
            negativeY: 'Cesium-1.7.1/Skybox/my.jpg',
            positiveZ: 'Cesium-1.7.1/Skybox/pz.jpg',
            negativeZ: 'Cesium-1.7.1/Skybox/mz.jpg'
        }
    }),      //用于渲染星空的 SkyBox 对象
    fullscreenElement: document.body,      //全屏时渲染的 html 元素
    useDefaultRenderLoop: true,            //如果需要控制渲染循环,则设为 true
    targetFrameRate: undefined,           //使用默认 render loop 时的帧率
    showRenderLoopErrors: false,          //如果设为 true,将显示错误信息
    automaticallyTrackDataSourceClocks: true, //自动追踪最近添加的数据源时钟
设置
    contextOptions: undefined,    //传递给 Scene 对象的上下文参数(scene.options)
    sceneMode: Cesium.SceneMode.SCENE3D,      //初始场景模式
    mapProjection: new Cesium.WebMercatorProjection(),      //地图投影体系
    dataSources: new Cesium.DataSourceCollection()//需要进行可视化的数据源集合
});
```

以上内容可在程序开头设置,主要设置基础控件和基础图层的属性,一般不在初始化 Viewer 时加载数据。

2．Scene

Scene 是构建场景的类,是 Cesium 中非常重要的类。Cesium 开发大多基于 Scene 类,其主要包含四部分内容:第一部分是基础地理环境设置,如地球参数 (globe)、光照(light)、雾(fog)、大气(skyAtmosphere)。第二部分是基础图层设置,包含地图图层、地形图层等,需要注意在 Viewer 类中设置图层等价于在 Scene 中设置图层,console. log(viewer. imageryLayers == viewer. scene. imageryLayers)显示 "true",意味着 Viewer 和 Scene 中 imageryLayers 属性相同,这一部分对应§4.2。第三部分是场景数据,Cesium 底层空间数据绘制方式是依赖 Primitive。Primitive API 功能强大而且非常灵活,为程序员绘制高级图形提供很大自由度,开发者可根据图形学原理自定义高级图形,技术难度较大,对于初学者较为困难,相比较而言 Entity 封装程度高,构造简单,使用便捷,目前不支持自定义。3D Tiles 是 Primitive 的非常重要部分,可以实现大数据量加载,这一部分对应§5.1内容和§6.1 内容。第四部分则是场景交互函数,如 pick(鼠标事件)、

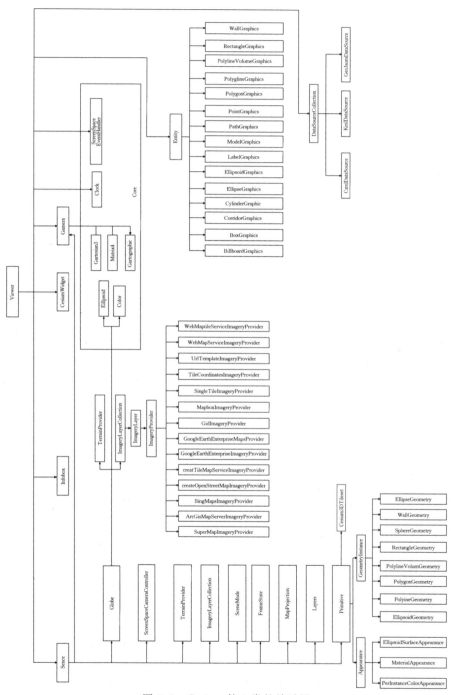

图 3.1　Cesium 核心类的关系图

camera（相机事件）。需要注意的是，console.log（viewer.camera ＝＝ viewer.scene.camera）显示"true"，表示 Viewer 和 Scene 中 camera 属性相同。camera 将在§3.3重点介绍。

3. Entity

在上文中提到 Entity 是由 Primitive 封装而来，但是 Entity 并不属于 Scene。Entity API 是对高层次抽象对象的一致性的设计，这些对象将相关的可视化和信息整合成统一的数据结构，称之为 Entity，使得开发者专注于数据的呈现，而不必担心底层的可视化机制。它还提供了用于构建复杂的、时间动态可视化的结构，与静态数据自然地结合在一起。虽然 Entity API 底层上使用了 Primitive API 实现，但这是一个实现细节，几乎不必关心。Entity API 能够提供灵活的、高性能的可视化，同时提供一致性的、易于学习的、易于使用的接口。由于 Entity 易学易用，而且功能丰富，在简单场景开发过程中，Entity 的使用频率要高于 Primitive。Entity 将在§5.1详细介绍。

4. DataScourceCollection

DataSourceCollection 是 Cesium 中加载矢量数据的主要方式之一，最大特点是支持加载矢量数据集与外部文件的调用，主要分为 CzmlDataSource、KmlDataSource、GeoJsonDataSource 三种，分别对应加载 CZML、KML 和 GeoJSON 格式数据。GIS 开发中加载矢量数据是必不可少的功能，将矢量数据转换为以上任意一种方式，便可在 Cesium 中实现矢量数据的加载和存取。

3.2　Cesium 坐标系统

Cesium 是一个具有真实地理坐标的三维球体，而用户通过二维屏幕与 Cesium 进行交互与查询，这就离不开地理坐标与屏幕坐标之间的相互转换。本节主要介绍 Cesium 中主要的坐标系统，以及它们之间的转换方法。

3.2.1　Cesium 坐标介绍

Cesium 开发中常用的坐标系统主要有三个：屏幕坐标系统、笛卡儿空间直角坐标系统、地理坐标系统。屏幕坐标系统是二维坐标，空间直角坐标系统是三维坐标系，而地理坐标是球面经纬度坐标。

1. 屏幕坐标系统（Cartesian2）

屏幕坐标是平面直角坐标系，是二维笛卡儿坐标系。Cesium 中使用 Cartesian2 来描述屏幕坐标系。构造函数是 new Cesium.Cartesian2(x，y)，具体是鼠标点击位置距离 canvas 左上角的像素值。屏幕左上角为原点(0，0)，屏幕水平方向为 X 轴，向右为正，垂直方向为 Y 轴，向下为正，如图3.2所示。

2．笛卡儿空间直角坐标系（Cartesian3）

以空间中 O 点为原点，建立三条两两垂直的数轴：X 轴（横坐标）、Y 轴（纵坐标）、Z 轴（竖坐标），建立了空间直角坐标系 $O-XYZ$。笛卡儿空间直角坐标的原点就是椭球的中心，在计算机上进行绘图时，不方便使用经纬度直接进行绘图，一般会将坐标系转换为笛卡儿坐标系，使用计算机图形学中的知识进行绘图。构造函数是 new Cesium.Cartesian3(x，y，z），这里的 Cartesian3

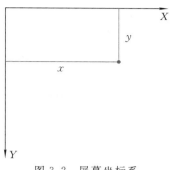

图 3.2　屏幕坐标系

里面的 x、y、z 即为笛卡儿坐标系三个坐标轴方向上的分量，笛卡儿空间直角坐标系如图 3.3 所示。

3．WGS-84 地理坐标

首先将地球抽象成一个规则的逼近原始自然地球表面的椭球体，称为参考椭球体，然后在参考椭球体上定义一系列的经线和纬线构成经纬网。需要说明的是经纬地理坐标系不是平面坐标系，因为度不是标准的长度单位，不可用其直接量测长度和面积。基于椭球体表示空间点的位置采用三个参数：大地经度、大地纬度、大地高，如图 3.4 所示。

大地经度 L：参考椭球面上某点的大地子午面与本初子午面间的两面角。向东为正，向西为负。

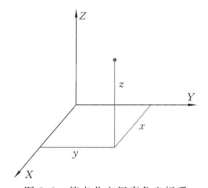

图 3.3　笛卡儿空间直角坐标系

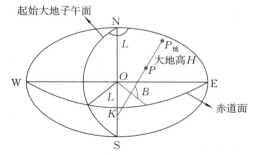

图 3.4　基于椭球体的空间点位置表达

大地纬度 B：参考椭球面上某点的法线与赤道平面的夹角。向北为正，向南为负。

大地高 H：指某点沿法线方向到参考椭球面的距离。

不同的椭球体大小、定位与定向决定了不同的坐标系统。WGS-84 是为美国全球定位系统（GPS）的使用而建立的坐标系统，坐标原点为地球质心，其地心空间直角坐标系的 Z 轴指向 BIH 1984.0 定义的协议地球极（CTP）方向，X 轴指向

BIH 1984.0 定义的零子午面和 CTP 赤道的交点，Y 轴与 Z 轴、X 轴垂直构成右手坐标系，如图 3.5 所示。经度范围为 $[-180°, 180°]$，纬度范围为 $[-90°, 90°]$。WGS-84 是目前应用范围最为广泛的地理坐标系，通常国外遥感影像均采用WGS-84。Cesium 中定义 Cartographic，用 new Cesium. Cartographic(longitude, latitude，height) 来描述地理坐标，这里 longitude、latitude 都是弧度坐标值。

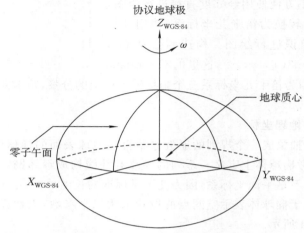

图 3.5　WGS-84 坐标系

3.2.2　Cesium 坐标转换

1. 角度与弧度的转换

角度转弧度：var radians＝Cesium. CesiumMath. toRadians(degrees)。

弧度转角度：var degrees＝Cesium. CesiumMath. toDegrees(radians)。

2. 经纬度坐标转换为笛卡儿空间直角坐标

(1)直接通过经纬度转换。Cesium 默认 WGS-84 经纬度坐标，可直接通过以下方法进行坐标转换：

```
var c3 = Cesium.Cartesian3.fromDegrees(longitude, latitude, height); // height 为大地
高度
var c3 = Cesium.Cartesian3.fromDegreesArray(coordinates); // coordinates 格式为不带高
度的数组，例如：[-115.0, 37.0, -107.0, 33.0]
var c3 = Cesium.Cartesian3.fromDegreesArrayHeights(coordinates); //coordinates 格式为
带有高度的数组，例如：[-115.0, 37.0, 100000.0, -107.0, 33.0, 150000.0]
```

(2)通过椭球体进行转换。根据椭球参数将 WGS-84 经纬度坐标或其他地理坐标转为笛卡儿空间直角坐标。以 WGS-84 椭球体为例，将 WGS-84 经纬度坐标转为空间直角坐标：

```
var ellipsoid84 = Cesium.Ellipsoid.wgs84;
var position = Cesium.Cartographic.fromDegrees(longitude, latitude, height);
var c3 = ellipsoid84.cartographicToCartesian(position);
var c3s = ellipsoid84.cartographicArrayToCartesianArray([pos1,pos2,pos3])
```

以上都是通过角度形式的经纬度进行转换，同理也可使用弧度形式的经纬度，采用如下函数：Cesium. Cartesian3.fromRadians，Cesium. Cartesian3.fromRadiansArray，Cesium. Cartesian3.fromRadiansArrayHeights 等，用法与上面一样。

3. 笛卡儿空间直角坐标转换为经纬度坐标

（1）直接转换。Cesium 中可将笛卡儿空间直角坐标直接转为 WGS-84 经纬度坐标，方法如下：

```
var cartographic = Cesium.Cartographic.fromCartesian(cartesian3)
```

转换得到 WGS-84 坐标系下的弧度形式经纬度后，再将其转换为角度的形式。

（2）通过椭球体转换。可以根据椭球参数，将笛卡儿空间直角坐标转为 WGS-84 坐标或其他椭球下的经纬度坐标。以 WGS-84 椭球转换为例：

对于一个坐标，可采用如下代码：

```
var cartographic = Cesium.Ellipsoid.wgs84.cartesianToCartographic(cartesian3)
```

对于一组坐标，可采用如下代码：

```
var cartographics = Cesium.Ellipsoid.wgs84.cartesianArrayToCartographic([cartesian1,
cartesian2,cartesian3])
```

4. 屏幕坐标和笛卡儿空间直角坐标的转换

屏幕坐标转笛卡儿空间直角坐标常用于三维场景开发，Cesium 根据不同场景设定三类屏幕坐标转换笛卡儿坐标：

（1）屏幕坐标转场景空间直角坐标，这里的场景坐标是包含了地形、倾斜摄影测量模型等其他三维模型的坐标。目前 IE 浏览器不支持深度拾取，所以用不了这个方法。

```
var cartesian3 = viewer.scene.pickPosition(cartesian2)
```

（2）屏幕坐标转地表笛卡儿空间坐标，包含地形在内，但是不包括倾斜摄影测量模型等其他三维模型的坐标。

```
var cartesian3 = viewer.scene.globe.pick(viewer.camera.getPickRay(cartesian2),
viewer.scene)
```

（3）屏幕坐标转椭球面笛卡儿空间坐标，不包含地形、倾斜摄影测量模型等其他三维模型的坐标。

```
var cartesian3 = viewer.scene.camera.pickEllipsoid(cartesian2)
```

5. 笛卡儿空间直角坐标转屏幕坐标

```
var c2 = Cesium.SceneTransforms.wgs84ToWindowCoordinates(cartesian3)
```

3.3　Cesium 相机系统

在二维 GIS 中移动视域或者进行空间漫游,只需设置视域范围中心点的经纬度坐标和图层等级,可以理解为只需确定视点位置即可,不存在视线方向问题。但在三维 GIS 中不仅需要确定视点位置,还要确定视线方向,如果目标物与视线方向相反,那么在视域中则看不到目标物。Cesium 通过相机控制场景中的视域,旋转、缩放、平移等操作都可控制相机移动。当用户拖动地球移动时,其实是地球不动,相机在移动,这种相对运动产生场景移动的效果。Cesium 具有默认的鼠标和触摸事件处理程序与摄像头交互,默认的相机操作是这样的:

- 左键单击并拖动——移动整个地图;
- 右键单击并拖动——放大和缩小相机;
- 中轮滚动——放大和缩小相机;
- 中间点击并拖动——围绕地球表面的点旋转相机。

3.3.1　相机的方向和位置

上文提到 Cesium 视角移动不仅需要设定相机位置,还需要设定相机的方向,本小节讲述相机方向和位置的参数设置。Cesium 中 orientation 函数用于设定方向,不仅是相机方向,还包括模型的方向等。position 函数用于设定相机位置。

Cesium 将 Orientation 定义为 Object,它通常包含 heading、pitch 和 roll,这三者并不是必选参数,不设置具体参数则自动设为相应默认值。可通过 HeadingPitchRoll API 查看相应属性。初学者对这三个参数模糊不清,在此做详细介绍。图 3.6 是三维空间的右手笛卡儿坐标系。

pitch:围绕 X 轴旋转,也叫俯仰角,因为绕 X 轴旋转,可以控制飞机俯仰角,往上飞或者往下飞。

yaw:围绕 Y 轴旋转,也叫偏航角,因为绕 Y 轴旋转,可以控制飞机飞行方向,往左飞还是往右飞。

roll:围绕 Z 轴旋转,也叫翻滚角,因为绕 Z 轴旋转,可以控制飞机做翻滚旋转。

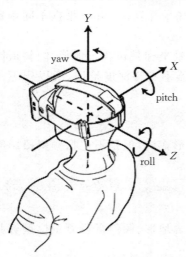

图 3.6　右手笛卡儿坐标系

Cesium 中相机方向 orientation 设定原理与右手笛卡儿坐标系原理相同,用 heading 替换 yaw,但是含义相同,都是指水平旋转,Cesium 中以正北为参照,即 X 轴所在方向。

heading:默认方向为正北,正角度为向东旋转,即水平旋转,也叫偏航角。

pitch:默认旋转角度为−90,即朝向地面,正角度为平面之上,负角度为平面之下,即上下旋转,也叫俯仰角。

roll:默认旋转角度为 0,左右旋转,正角度向右旋转,负角度向左旋转,也叫翻滚角。

以上是 orientation 的含义,position 是指相机位置的三维坐标(可以用经纬度和大地高表达)。这里通过 setView 方法给相机设定方位:

```
var position = Cesium.Cartesian3.fromDegrees(lon, lat, height);
viewer.camera.setView({
    destination: position,
    orientation: {
        heading: Cesium.Math.toRadians(0.0), //默认值
        pitch: Cesium.Math.toRadians(−90.0), //默认值
        roll: 0.0 //默认值
    }
});
```

效果如图 3.7 所示相机方位图。

图 3.7 相机方位图

3.3.2 相机系统分类与用法

上一小节介绍了 Cesium 中视域移动的原理,并通过相机事件实现视域移动。针对不同的场景和开发需求,Cesium 设定多种操作相机的方法,详细方法可参考 Camera API,在这里介绍几种常用的操作相机的方法。

1. setView

setView 通过定义相机飞行目的点三维坐标(经纬度和大地高)和视线方向,将视角直接切换到所设定的视域范围内,没有空中飞行的过程,适用于快速切换视角。

调用代码如下所示:

```
var position = Cesium.Cartesian3.fromDegrees(lon, lat,height);
viewer.camera.setView({
    destination: position, //飞行目的地
    orientation: {
        heading: Cesium.Math.toRadians(0.0), //默认值
        pitch: Cesium.Math.toRadians(-90.0), //默认值
        roll: 0.0 //默认值
    }
});
```

执行以上代码,相机则迅速切换到坐标点(lon, lat, height),调整相机角度为垂直向下,效果如图 3.8 所示。

图 3.8 setView 执行效果

2．viewBoundingSphere

viewBoundingSphere 相机运动效果与 setView 类似，都是视域切换到目标点，没有视域飞行的过程，但是其设定方法与 setView 有所不同。viewBoundingSphere 函数必须设定模型的外接圆，viewBoundingSphere 这种方式适用于室内浏览，因为室内空间较小，相机移动的幅度不易控制。viewBoundingSphere 可将相机固定在定点，视角绕点旋转 360°，实现定点环游。BoundingSphere 简单说就是物体的外接球，如图 3.9 所示。viewBoundingSphere 默认将视点置于外接球球心，可以设置偏移。以一个室内三维模型为例，加载数据完成后通过设定 viewBoundingSphere 实现定点环绕浏览，具体代码如下所示：

```
var tileset = new Cesium.Cesium3D Tileset({    // 加载 3D Tiles 格式的三维模型
    url: 'tile/3D Tiles218/tileset.json'
});
tileset.readyPromise.then(function (tileset) {
    primitives.add(tileset);
    viewer.scene.primitives.add(primitives);
    viewer.camera.viewBoundingSphere(tileset.boundingSphere, new Cesium.HeadingPitch
Range(-1.57, 0, 2));                   // 设定视点位置与视线方向
});
```

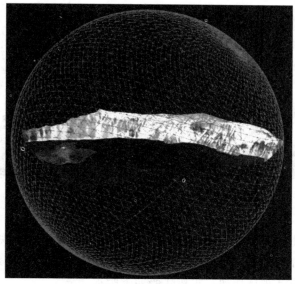

图 3.9　场景外接球

数据加载的初始视域如图 3.10 所示，实现绕点环绕 180°的视域如图 3.11 所示。

图 3.10   数据加载的初始视域

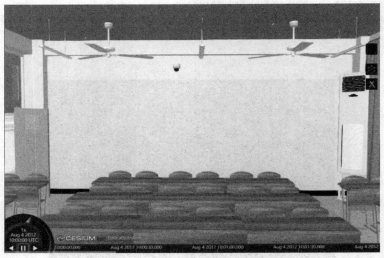

图 3.11   绕点环绕 180°的视域

3. flyTo

setView 是快速切换视角,flyTo 则具有空中飞行逐步切换视域的效果,可以设置飞行时间,相机则根据当前视点位置和目标视点位置自动设定飞行速度和飞行路线,实现巡游式视域切换。示例代码如下所示:

```
view.camera.flyTo({
    destination:Cesium.Cartesian3.fromDegrees(lon,lat, height),    // 设置视点位置
    orientation: {
```

```
    heading:Cesium.Math.toRadians(20.0),//方向
    pitch:Cesium.Math.toRadians(-90.0),//倾斜角度
    roll:0
},
duration:5,      // 设置飞行持续时间,默认值会根据距离计算
complete:function () {
    // 到达位置后执行的回调函数
},
cancle:function () {
    // 如果取消飞行则会调用此函数
},
pitchAdjustHeight:-90,   //如果摄像机飞越高于该值,则调整俯仰角度,并将地球保持
在视域中
    maximumHeight:5000,      //相机最大飞行高度
    flyOverLongitude:100,    //相机飞向目的地的过程中,必须强制经过东经100°子午线
});
```

执行代码后,相机在空中持续飞行 5 s,且飞行过程中穿过东经 100°到达目的地,相机视线设定为相应方向角,结果如图 3.12 所示。

图 3.12 flyTo 执行效果

4. lookAt

lookAt 函数也是将视角固定在所设置的目的点上,用户可以通过鼠标任意旋转视角方向,但是不会改变其位置。示例代码如下所示:

```
    var center = Cesium.Cartesian3.fromDegrees(lon, lat);   // 设定相机目标点平面
位置
    var heading = Cesium.Math.toRadians(50.0);      //偏航角
    var pitch = Cesium.Math.toRadians( - 90.0);      //俯仰角
    var range = 50.0;            //距目标点水平面距离
    viewer. camera. lookAt ( center, new Cesium. HeadingPitchRange ( heading, pitch,
range));
```

5. 键盘事件

三维场景开发中,通过键盘操纵相机视域移动是一个常规功能。Cesium 为开发者定义了键盘事件,想要实现键盘事件需要设定相机参数,监听键盘事件并绑定相机参数。通常约定以下键盘事件:

- W 键向前移动相机;
- S 键向后移动相机;
- A 键向左移动相机;
- D 键向右移动相机;
- Q 键向上移动相机;
- E 键向下移动相机。

接下来通过具体代码设定键盘事件,实现相机移动翻转:

```
var ellipsoid = viewer. scene. globe. ellipsoid;      //定义椭球
```

然后定义 flags 对象,设定具体相机事件。此处设置 8 个事件,分别是前移、后移、上移、下移、左移、右移,左转和右转。

```
var flags = {
    moveForward: false,
    moveBackward: false,
    moveUp: false,
    moveDown: false,
    moveLeft: false,
    moveRight: false,
    lookLeft: false,
    lookRight: false
};
// 将键盘键码绑定对应相机事件
function getFlagForKeyCode(keyCode) {
    switch (keyCode) {
        case 'W'. charCodeAt(0):
            return 'moveForward';
        case 'S'. charCodeAt(0):
```

```
                return 'moveBackward';
            case 'Q'.charCodeAt(0):
                return 'moveUp';
            case 'E'.charCodeAt(0):
                return 'moveDown';
            case 'D'.charCodeAt(0):
                return 'moveRight';
            case 'A'.charCodeAt(0):
                return 'moveLeft';
            case 'G'.charCodeAt(0):
                return 'twistRight';
            case 'F'.charCodeAt(0):
                return 'twistLeft';
            case 37:
                return 'lookLeft';
            case 39:
                return 'lookRight';
            case 38:
                return 'lookUp';
            case 40:
                return 'lookDown';
            default:
                return undefined;
        }
}
// 监听键盘按下事件
document.addEventListener('keydown', function(e) {
    var flagName = getFlagForKeyCode(e.keyCode);
    if (typeof flagName !== 'undefined') {
        flags[flagName] = true;
    }
}, false);
// 监听键盘弹起事件
document.addEventListener('keyup', function(e) {
    var flagName = getFlagForKeyCode(e.keyCode);
    if (typeof flagName !== 'undefined') {
        flags[flagName] = false;
    }
}, false);
//监听不同键码事件,并控制相应的相机事件
```

```
viewer.clock.onTick.addEventListener(function(clock) {
    var camera = viewer.camera;
    var cameraHeight = ellipsoid.cartesianToCartographic(camera.position).height;
    var moveRate = cameraHeight / 100.0;
    if (flags.moveForward) {
        camera.moveForward(moveRate);
    }
    if (flags.moveBackward) {
        camera.moveBackward(moveRate);
    }
    if (flags.moveUp) {
        camera.moveUp(moveRate);
    }
    if (flags.moveDown) {
        camera.moveDown(moveRate);
    }
    if (flags.moveLeft) {
        camera.moveLeft(moveRate);
    }
    if (flags.moveRight) {
        camera.moveRight(moveRate);
    }
    if (flags.lookLeft) {
        camera.lookLeft(moveRate);
    }
    if (flags.lookRight) {
        camera.lookRight(moveRate);
    }if (flags.twistLeft) {
        camera.twistLeft(moveRate);
    }
    if (flags.twistRight) {
        camera.twistRight(moveRate);
    }
    if (flags.lookUp) {
        camera.lookUp(moveRate);
    }
    if (flags.lookDown) {
        camera.lookDown(moveRate);
    }
});
```

通过以上代码便可构建一个简单的键盘相机事件，完成三维场景巡游。

3.4 支持的数据格式

Cesium 作为一个开源三维可视化 JavaScript 库，可以用来显示海量三维模型数据、影像数据、地形高程数据、空间要素、图片、视频等数据。本节将以表格形式对上述数据类型进行总结和概述，为开发者提供数据格式参考。Cesium 支持的主要数据格式与服务如表 3.1 所示。

表 3.1 Cesium 支持的主要数据格式与服务

数据类型		数据格式/数据源	API
影像服务		WMS	WebMapServiceImageryProvider
		TMS	createTileMapServiceImageryProvider
		WMTS	WebMapTileServiceImageryProvider
		ArcGIS	ArcGisMapServerImageryProvider
		Bing Maps	BingMapsImageryProvider
影像服务		Google Earth	GoogleEarthEnterpriseMapsProvider
		Mapbox	MapboxImageryProvider
		OpenStreetMap	createOpenStreetMapImageryProvider
		单张图片	SingleTileImageryProvider
		瓦片地图	UrlTemplateImageryProvider
地形服务		CesiumTerrain	CesiumTerrainProvider
		Google Earth Enterprise	GoogleEarthEnterpriseTerrainProvider
		VT MAK VR-TheWorld	VRTheWorldTerrainProvider
矢量数据		GeoJSON	GeoJsonDataSource
		TopoJSON	GeoJsonDataSource
		KML	KmlDataSource
空间数据	三维模型	glTF/glb*	
		3D Tiles	Cesium3D Tileset
	CZML	CZML	CzmlDataSource
	图片	JPG、PNG	BillboardGraphics

---

* 在 Cesium 中 glTF 和 glb 是标准三维格式，Entity 和 Primitive 都可加载 glTF，没有设定专门调用接口函数。

4 Cesium 加载数据

本章主要介绍 Cesium 加载数据的方法和所支持的数据服务。从类型上数据主要分为两大类:第一类数据是与地球息息相关的数据,即地形数据和影像数据。地形相当于 Cesium 的骨架,而影像地图则是 Cesium 的外衣,骨架只有一副,外衣却可以更换,同样地形一般是不变的,而影像地图是可变的;第二大类是空间数据,在本书中将除地形和影像地图外的数据都称为空间数据,如空间几何形体、三维模型等,§4.3 将详细阐明具体含义。

4.1 加载地形

上文提到地形是 Cesium 的骨架,可理解为地形数据是 Cesium 的底层数据。Cesium 中地球默认为光滑的椭球体,相当于地形高度都为零。这往往给人的错觉是 Cesium 初始状态下没有添加地形数据,其实不然,只不过默认的是一种高度为零的特殊地形数据。开发者可以调用具有真实地理高度的地形数据,同样也可以利用数字高程模型(DEM)数据生成地形并加载到 Cesium 地球上。

4.1.1 加载地形数据

地形服务是 Cesium 极具特色的基础功能,加入地形要素能够最真实地还原地球表面的凹凸起伏。Cesium 定义了地形构造函数,开发者可通过 terrainProvider 接口直接调用地形数据服务。需要注意的是一个项目中通常只有一种地形数据,terrainProvider 不支持多种地形数据叠加。Cesium 开发者注册 Cesium ion 账号获得令牌(token)后,即可在 Viewer 中添加 terrainProvider:Cesium.createWorldTerrain()完成地形数据的加载。图 4.1 中的区域是添加真实地形数据的珠穆朗玛峰。

Cesium 全球地形也包含了地形光照数据,以及水面效果所需要的水域数据。地形服务器不会默认加载光照和水面数据的切片,如果有需要可以在 CesiumTerrainProvider 的构造函数中配置。开启地形光照,需要使用 VertexNormals 扩展。执行地形光照后,同样位置的珠穆朗玛峰,显示了基于太阳实际位置的光晕效果,如图 4.2 所示。

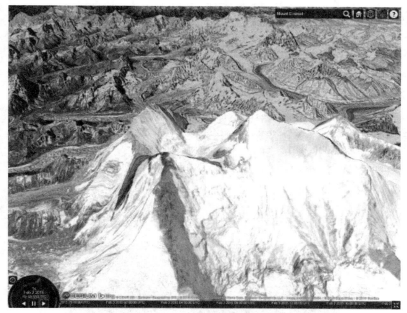

图 4.1　Cesium 地形效果

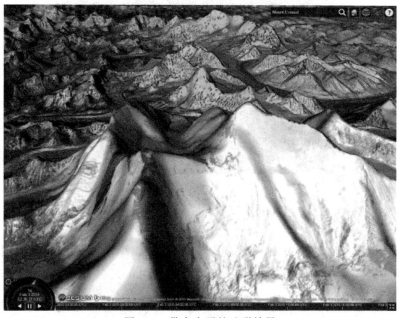

图 4.2　带有光照的地形效果

对于水体的流动效果,通过请求 WaterMask 方法设置水波流动的效果,如图 4.3 所示,示例代码如下:

```
var terrainProvider = Cesium.createWorldTerrain({
    requestWaterMask: true
});
viewer.terrainProvider = terrainProvider;
```

完整代码如下：

```
var viewer = new Cesium.Viewer('cesiumContainer', {
    terrainProvider: Cesium.createWorldTerrain({    //创建地形服务
        requestVertexNormals: true,      //添加地形光照
        requestWaterMask: true                //添加水面波浪效果
    })
});
viewer.scene.globe.enableLighting = true;    //terrain 和 globe 必须同时开启光照
```

图 4.3　水域效果

4.1.2　地形服务

地形数据展现出真实的地理环境。Cesium 提供了多种现有地形数据服务接口，并且支持自定义地形数据，接下来分别展开介绍。

1. 调用地形数据服务

Cesium 的 terrainProvider 支持多种地形数据请求方法。大部分地形 Provider 通过基于 HTTP 的描述性状态迁移（REST）接口请求地形数据切片。依据地形数据的组织方式和请求方式不同，Cesium 支持下列地形 Provider。

CesiumTerrainProvider：高精度全球地形数据，附有光照和水面效果。地形

切片使用 quantized-mesh v1.0 格式，Cesium 使用 CesiumTerrainProvider API 调用该服务。

Google Earth Enterprise Server：通过 Google Earth 的高程地图（height map）方式生成地形，Cesium 中使用 GoogleEarthEnterpriseTerrainProvider API 调用该服务。

VT MAK VR-TheWorld Server：从 VR-TheWorld Server 请求地形切片，这个服务数据是 90 m 采样精度的全球地形数据，且包含水深数据。Cesium 使用 VRTheWorldTerrainProvider API 调用该服务。

Ellipsoid：光滑椭球体，这是 Cesium 默认的的全球地形，地形高度为零，没有任何起伏效果。Cesium 使用 EllipsoidTerrainProvider API 调用该服务。

2．自定义地形数据

首先获取数字高程模型（DEM）数据，可从 NASA 网站免费下载 30 m 空间分辨率的数字高程模型数据（https：//asterweb.jpl.nasa.gov/gdem.asp），根据需求下载指定区域的高程数据。

Cesium 支持加载自定义地形数据服务，开发者可以将本地的 DEM 地形数据处理并加载到 Cesium 中，或者登录地理空间数据云（http：//www.gscloud.cn）下载相关区域的 DEM 数据，然后通过 CesiumLab 地形处理模块添加高程数据，并设定坐标参数及输入路径，然后进行数据处理得到地形数据服务。具体过程如图 4.4 和图 4.5 所示。

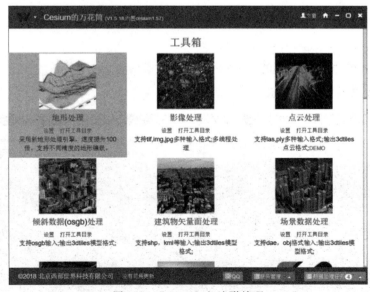

图 4.4　CesiumLab 地形处理

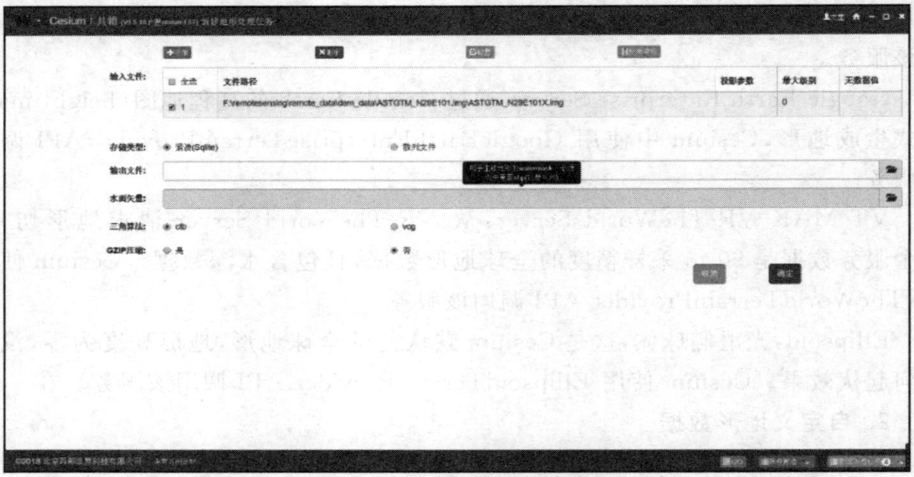

图 4.5　添加数字高程模型数据

将处理好的地形数据加载到 Cesium 中,核心代码如下:

```
varrectangle = new Cesium. Rectangle ( Cesium. Math. toRadians ( 100. 98006248474121),
Cesium. Math. toRadians(28. 98116111755371),
Cesium. Math. toRadians(102. 02977180480957),Cesium. Math. toRadians(30. 019197463989258));
var terrainLayer = new Cesium. CesiumTerrainProvider({
    url: 'http://localhost:9002/api/wmts/terrain/0410a496882e4cc98922c6b5574b52fd',
    requestWaterMask:true,
    credit: 'http://www.bjxbsj.cn',
});
viewer. terrainProvider = terrainLayer;
viewer. scene. camera. flyTo({destination: rectangle});
```

地形效果如图 4.6 所示。

图 4.6　地形效果

54

4.2 加载地图服务

本节主要介绍 Cesium 调用影像地图服务的方式、所支持的影像地图服务及如何自定义影像地图。

4.2.1 使用地图服务

Cesium 支持 WMS、WMTS 等多个标准地图服务，图层可以单独加载，也可以合并后加载，图层的亮度、对比度、伽马曲线、色调和饱和度都可根据需求调整。本书以加载 Esri ArcGIS MapServer 图层并叠加 Mapbox 地图服务为例来介绍 Cesium 调用影像地图的步骤，并说明调节图层亮度、饱和度等的步骤。

Cesium 默认使用微软 Bing 影像图，调用影像地图需要 imageProvider 函数，开发者可在定义 Viewer 对象时构造项目的初始化图层。下述代码实现在构造基础图层时加载 Esri 矢量图层：

```
var viewer = new Cesium.Viewer('cesiumContainer', {
imageryProvider: new Cesium.ArcGisMapServerImageryProvider({
    url: 'http://server.arcgisonline.com/ArcGIS/rest/services/World_Street_Map/
MapServer'
}),
baseLayerPicker: false
});
```

在 Viewer 中添加 imageProvider 对象，调用 ArcGisMapServerImageryProvider 接口，将 URL 设置为 ArcGIS 地图服务，即可将默认 Bing 影像图换为 ArcGIS 地图，效果如图 4.7 所示。

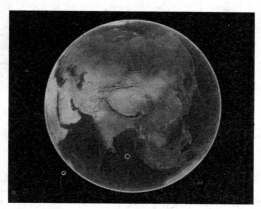

图 4.7　ArcGIS 影像地图显示

接下来,在 ArcGIS 矢量底图上叠加 Mapbox 图层服务,代码如下所示:

```
var layers = viewer.scene.imageryLayers;
var mapboxlayer = layers.addImageryProvider(
new Cesium.MapboxImageryProvider({
    mapId: 'mapbox.dark',
    accessToken:
'pk.eyJ1IjoiZ2lzeXVIiwiYSI6ImNqbzJsbmhyajBuankzd3FpZWV6aXFqcWUifQ.G6t9_LDvKEklUT4
- exEb - g'    //替换为开发者自己的令牌
    })
)
```

在代码中,首先定义 layers 变量用于存储和管理图层,然后通过 MapboxImageryProvider 接口设置 Mapbox 服务的 mapId(必选)、accessToken(必选)。mapId 表示 Mapbox 的风格样式,有 streets、outdoors、light、dark 和 satellite 这几种类型,本例使用 dark 暗黑系 Mapbox 底图。开发者在 Mapbox 官方网站注册即可获取 accessToken。实现效果如图 4.8 所示。

图 4.8　Mapbox 暗黑风格矢量图

由于 Mapbox 会压盖 ArcGIS 地图,可设置 Mapbox 地图的透明度,实现两个图层的叠加融合,如图 4.9 所示。

```
blackMarble.alpha = 0.5;   // 0.0 表示透明,1.0 表示不透明
```

接下来进一步增加 Mapbox 地图亮度:

```
mapboxlayer.brightness = 2.0;     // > 1.0 增加图层亮度   < 1.0 降低图层亮度
```

图 4.9 ArcGIS 矢量图与 Mapbox 地图融合

加载混合图层的完整代码如下：

```
var viewer = new Cesium.Viewer('cesiumContainer', {
    imageryProvider: new Cesium.ArcGisMapServerImageryProvider({
        url:'http://server.arcgisonline.com/ArcGIS/rest/services/World_Street_Map/
MapServer'
    }),
    baseLayerPicker: false
});
var layers = viewer.scene.imageryLayers;
var blackMarble = layers.addImageryProvider(
new Cesium.TileMapServiceImageryProvider({
    url: '//cesiumjs.org/tilesets/imagery/blackmarble',
    maximumLevel: 8,
    credit: 'Black Marble imagery courtesy NASA Earth Observatory'
}));
blackMarble.alpha = 0.5;
blackMarble.brightness = 2.0;
```

从该例中可以了解到，Cesium 开发者可以直接在 Viewer 函数下通过 imageryProvider 调用各图层接口生成项目默认图层，然后可在 viewer.scene. imageryLayers 中添加新的图层，实现多图层的集成切换[*]。

———————————

[*] 新加载的地图会压盖原来的图层，可以通过设置图层透明度实现多图层的融合。

4.2.2 定义地图服务

Cesium 支持丰富的影像数据服务,不仅支持 WMS、TMS 和 WMTS 等标准地图服务格式,而且为开发者设定众多图层接口,例如 ArcGisMapServerImageryProvider 可用于加载 ArcGIS Server 发布的数据服务,同时 Cesium 支持调用自定义影像数据,能满足各种开发需求。下面分别介绍 Cesium 支持的影像服务和自定义影像服务。

1. Cesium 支持的影像服务

WebMapServiceImageryProvider:网络地图服务(WMS)是开放地理信息系统协会(OGC)标准影像数据服务,用于从分布式地理空间数据库请求地理区域的地图图块。调用方法请参阅 Cesium API 中的 WebMapServiceImageryProvider。

TileMapServiceImageryProvider:瓦片地图服务(TMS)是一个 REST 接口的瓦片服务,可以使用 MapTiler 或 GDAL2Tiles 生成瓦片。调用方法参阅 Cesium API 中的 TileMapServiceImageryProvider。

WebMapTileServiceImageryProvider:网络地图瓦片服务(WMTS)是 OGC 标准影像数据服务,用于通过网络提供预先渲染的地理参考地图瓦片。调用方法请参阅 Cesium API 中的 WebMapTileServiceImageryProvider。

OpenStreetMapImageryProvider:调用 OpenStreetMap 在线地图或任意 Slippy 地图切片。调用方法请参阅 Cesium API 中的 OpenStreetMapImageryProvider。

BingMapsImageryProvider:调用 Bing 在线地图服务切片。Bing 地图密钥可以在 https://www.bingmapsportal.com/上创建。调用方法和参数请参阅 Cesium API 中的 BingMapsImageryProvider。

ArcGisMapServerImageryProvider:该接口可调用 ArcGIS Server 发布的 MapServer 瓦片服务,同时可以利用该接口发布自己的数据服务。调用方法请参阅 Cesium API 中的 ArcGisMapServerImageryProvider。

GoogleEarthEnterpriseMapsProvider:该接口可调用 Google Earth 发布的影像、矢量等地图数据图层。调用方法请参阅 Cesium API 中的 GoogleEarthEnterpriseImageryProvider。

MapboxImageryProvider:使用该接口可调用 Mapbox API 发布的各类样式数据服务,需要开发者创建一个帐户并申请令牌(token)。调用方法请参阅 Cesium API 中的 MapboxImageryProvider。

SingleTileImageryProvider:使用该接口可加载一张全球图片作为地图底图,没有切片缩放效果。调用方法请参阅 Cesium API 中的 SingleTileImageryProvider。

UrlTemplateImageryProvider:使用 UrlTemplateImageryProvider 可连接到各种地图源。例如,TMS 的 URL 模板为//cesiumjs.org/tilesets/imagery/naturalearthii/{z}/{x}/{reverseY}.jpg。

2. 自定义影像数据

GIS 开发中经常需要调用本地或供应方发布的影像数据,加载独立的场景,此时可以借助 GeoServer 发布自定义影像数据。

GeoServer 是 OpenGIS Web 服务器规范的 J2EE 实现。利用 GeoServer 可以方便地发布地图数据,允许用户对要素数据进行更新、删除、插入操作,通过 GeoServer 可以较容易地在用户间迅速共享空间地理信息。GeoServer 是开源项目,可以直接通过网站下载并安装,本书不再赘述。安装完成后下载所需要的影像数据,进行数据预处理,将处理好的数据放入文件夹中备用。具体流程如下:

(1)进入 GeoServer 界面,默认的登录用户名为 admin,密码为 geoserver。登录成功后,在发布数据前需要建立自己的工作区,方便之后的数据管理。如图 4.10 所示新建工作区,名称为 cesium-demo。

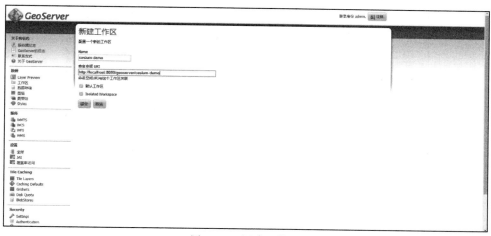

图 4.10　新建工作区

(2)建好工作区后,点击左侧"数据存储"选项,添加创建新的数据存储(图 4.11)。此处选择添加栅格数据源(图 4.12),并选择 GeoTIFF 格式数据,工作区选择刚刚新建的"cesium-demo"工作区。在"连接参数"处选择刚准备好的栅格数据。

(3)数据添加完成后,可以根据需要设置参数进行发布。需要注意的是坐标参考系统和边框的选项,如图 4.13 所示。发布完成后,在 Layer Preview 中找到刚刚发布的地图图层,可以选择一种预览方式进行在线预览,如图 4.14 所示。

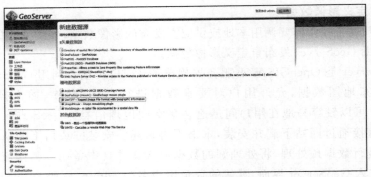

图 4.11　新建数据源

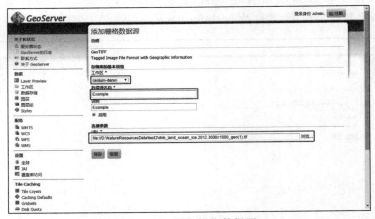

图 4.12　添加栅格数据源

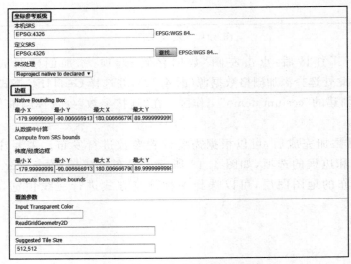

图 4.13　参数设置

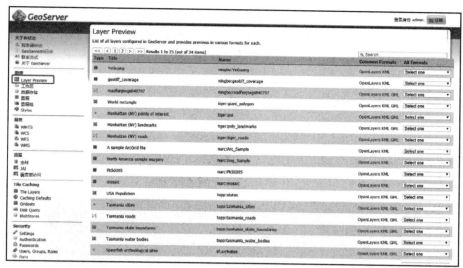

图 4.14　图层预览

（4）选择用 OpenLayers 打开预览。此次选择的是全球的夜光遥感数据，出现如图 4.15 所示的效果，说明已经发布成功。

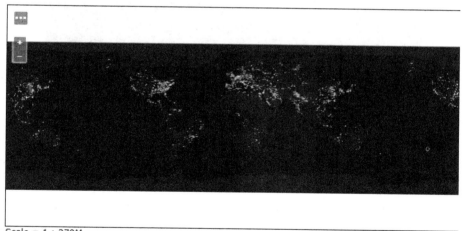

Scale = 1 : 279M

图 4.15　夜光影像预览

（5）接下来在 Cesium 加载已发布的夜光影像数据。Cesium 有专门加载 WMS 服务的接口，只需要直接使用即可。需要注意的是代码中 url 和 layers 中的名称设置，可以参照使用 OpenLayers 预览时网址栏中的地址，工作区名称为 cesium-demo，图层名称为 Example。在 Cesium 中加载的效果如图 4.16 所示。代码如下：

```
var test = new Cesium.WebMapServiceImageryProvider({
    url: 'http://localhost:8080/geoserver/cesium-demo/wms',
    layers: 'Example',
    parameters: {
        service: 'WMS',
        format: 'image/png',
        transparent: true,
    }
});
viewer.imageryLayers.addImageryProvider(test);
```

图 4.16　Cesium 加载夜光影像

4.3　加载空间数据

　　地理数据分为矢量数据和栅格数据。在 Cesium 中栅格数据通常以影像图层的形式展现,上文所介绍的地形数据和影像数据都可归结到栅格数据类型。Cesium 将矢量数据扩展到三维空间数据,将其划分为三大类:①几何形体,包括点、线、面、体;②三维模型;③标签,包括文字标签和图标。需要明确的是所有数据都定义在三维空间中,点是三维点,面可以是水平面、垂直面或倾斜面。

4.3.1　几何形体

　　三维几何形体所涉及的几何要素种类丰富,从类型上可划分为点、线、面、体四大类。

1. 点要素

Cesium 中通过 PointGraphics 类可构建点要素,修改点的颜色、外轮廓等属性,效果如图 4.17 所示。

图 4.17 Cesium 点要素

2. 线要素

线要素类型分为折线和轮廓线。折线可以设置线型、颜色、宽度、拐角等属性,折线要素如表 4.1 所示[*]。PolylineGeometry 可设定折线的样式、宽度等属性,而 SimplePolylineGeometry 则是折线要素的轮廓线,没有宽度属性。

表 4.1 Cesium 折线要素

名称	图形	Pirmitive API	Entity API
折线要素		PolylineGeometry	PolylineGraphics
轮廓线		SimplePolylineGeometry	

轮廓线则是各种几何体要素外围轮廓线,主要包括立方体轮廓、圆轮廓、廊轮廓、圆柱/圆锥轮廓、椭圆/挤出椭圆轮廓、椭球轮廓、矩形轮廓、多边形轮廓、简单折线几何轮廓、管状线轮廓、球轮廓、墙轮廓及面轮廓等轮廓线。轮廓线只有 Primitive API,

---

[*] Geometry 是 Primitive API,用 Primitive 绘制空间数据;而 Graphic 是 Entity API,用 Entity 方式绘制空间数据。

即只能通过 Primitive 方式绘制图形，效果如表 4.2 所示。

表 4.2　Cesium 轮廓线

名称	图形	Primitive API
立方体轮廓		BoxOutlineGeometry
圆轮廓		CircleOutlineGeometry
廊轮廓		CorridorOutlineGeometry
圆柱/圆锥轮廓		CylinderOutlineGeometry
椭圆/挤出椭圆轮廓		EllipseOutlineGeometry
椭球轮廓		EllipsoidOutlineGeometry
矩形轮廓		RectangleOutlineGeometry
多边形轮廓		PolygonOutlineGeometry

名称	图形	Primitive API
简单折线几何轮廓		SimplePolylineGeometry
管状线轮廓		PolylineVolumeOutlineGeometry
球轮廓		SphereOutlineGeometry
墙轮廓		WallOutlineGeometry
面轮廓		PlaneOutlineGeometry

3. 面要素

面要素主要是上述轮廓线所包围的几何面图形。逻辑上应该是先有几何面后有轮廓线，为了按照点线面体的顺序描述，即将轮廓线放到线要素中描述。Cesium 定义的几何面要素类型如表 4.3 所示。

表 4.3　Cesium 面要素几何

名称	图形	Primitive API	Entity API
圆		CircleGeometry	—
廊		CorridorGeometry	CorridorGraphics

名称	图形	Primitive API	Entity API
椭圆		EllipseGeometry	PolygonGraphics
矩形	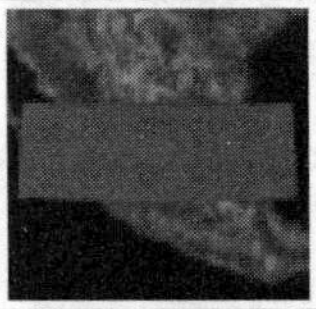	RectangleGeometry	RectangleGraphics
多边形		PolygonGeometry	PolygonGraphics
面		PlaneGeometry	PlaneGraphics

4. 体要素

Cesium 中定义的几何体要素类型如表 4.4 所示。

表 4.4　Cesium 几何体要素

名称	图形	Primitive API	Entity API
立方体		BoxGeometry	BoxGraphics
圆柱或圆锥		CylinderGeometry	CylinderGraphics
椭圆体	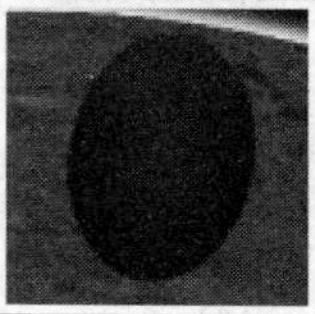	EllipsoidGeometry	EllipsoidGraphics

名称	图形	Primitive API	Entity API
管		PolylineVolumeGeometry	PolylineVolume Graphics
球		SphereGeometry	—
墙		WallGeometry	WallGraphics

4.3.2　几何形体文件格式

在二维 GIS 中,矢量数据格式有很多,常见的有 shapefile(SHP)、DWG、KMZ/KML、GeoJSON 等。Shapefile 文件结构复杂,会给网络传输带来压力,故 Cesium 主要采用 GeoJSON 和 KML 两种适合于网络传输的数据格式存储几何形体。此外 Cesium 在 JSON 的基础上定义了 CZML 数据格式,专门用于大数据流传输。CZML 格式将在第 7 章动态数据可视化中重点介绍,本小节介绍 GeoJSON 和 KML 的使用方法。

1. GeoJSON

GeoJSON 是一种对各种地理数据结构进行编码的 JSON 数据格式。GeoJSON 对象可以表示几何、特征或者特征集合,支持的几何类型有点、线、面、多点、多线、多面和几何集合。GeoJSON 里的特征包含几何对象和相关属性,特征集合表示一系列特征。

完整的 GeoJSON 数据结构是一个 JSON 对象,由键/值对集合组成。对每个成员来说,键用字符串表示,值可以用字符串、数字、对象或数组表示,或是文本常量中的一个:"true""false"和"null"。GeoJSON 中 geometry 表示地理数据,type 表示要素类型,coordinates 表示要素坐标数组,坐标通常是 WGS-84 坐标。

下面是 GeoJSON 分别表示的点、线、面要素特征集合:

```
{ "type": "FeatureCollection",
  "features": [
    { "type": "Feature",
      "geometry": { "type": "Point", "coordinates": [102.0, 0.5]},   //点要素
```

```
          "properties": {"prop0": "value0"}
        },
      { "type": "Feature",
        "geometry": {
          "type": "LineString",      //线要素
          "coordinates": [
            [102.0, 0.0], [103.0, 1.0], [104.0, 0.0], [105.0, 1.0]
            ]
        },
        "properties": {
          "prop0": "value0",
          "prop1": 0.0
          }
        },
      { "type": "Feature",
        "geometry": {
          "type": "Polygon",        //多边形要素
          "coordinates": [
            [ [100.0, 0.0], [101.0, 0.0], [101.0, 1.0],
              [100.0, 1.0], [100.0, 0.0] ]
            ]
        }
      }
    ]
}
```

Cesium 设置 GeoJsonDataSource API，用于加载 GeoJSON 矢量数据：

```
viewer.dataSources.add(Cesium.GeoJsonDataSource.load('mydata.geojson', {
    stroke: Cesium.Color.BLUE.withAlpha(0.8),
    strokeWidth: 2.3,
    fill: Cesium.Color.RED.withAlpha(0.3),
    clampToGround: true
  }
});
```

其中，Cesium. GeoJsonDataSource. load 函数即为加载 GeoJSON 数据，并配置相关属性。通过这种方式就可将数据加载到三维地球中，并设置边线及填充等，clampToGround 用于设置对象是否贴着地形，如果值为 true，则对象会随地势起伏而变化。

当然可以为 GeoJSON 中的各个要素设置不同的渲染方式，示例代码如下：

```
var promise = Cesium. GeoJsonDataSource. load('data/county3. geojson');  //读取 geojson
promise. then(function(dataSource) {       //类似于添加 3D 对象中的动画
    viewer. dataSources. add(dataSource);       //先添加对象
    var entities = dataSource. entities. values;       //获取所有对象
    var colorHash = {};
    for (var i = 0; i < entities. length; i ++ ) {       //逐一遍历循环
        var entity = entities[i];
        var name = entity. properties. GB1999;       //取出 GB1999 属性内容
        var color = colorHash[name];       //如果 GB1999 属性相同,则赋同一个颜色
        if (! color) {
            color = Cesium. Color. fromRandom({
                alpha: 1.0
            });
            colorHash[name] = color;
        }
        entity. polygon. material = color;       //设置 polygon 对象的填充颜色
        entity. polygon. outline = false;       // polygon 边线显示与否
        entity. polygon. extrudedHeight = entity. properties. POPU * 1000;
                                        //根据 POPU 属性设置 polygon 的高度
    }
});
viewer. zoomTo(promise);
```

此种方式实现原理为,先加载(load)数据,而后逐一设置加载数据的 Entity。
GeoJSON 中的对象的属性可以通过 entity. properties. GB1999 的方式读取,其中
GB1999 表示属性名称,数据加载效果如图 4.18 所示。

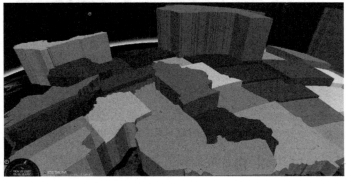

图 4.18　渲染结果

很多矢量数据是 shapefile 数据格式,可以在 ArcGIS 中进行数据转换生成
GeoJSON 格式。或者通过 mapshaper 工具(https://mapshaper.org)可将

shapefile 数据在线转为 GeoJSON 数据。

2. KML

Keyhole 标记语言（Keyhole markup language，KML）最初由 Google 旗下的 Keyhole 公司开发，是一种基于 XML 语法与格式的、用于描述和保存地理信息（如点、线、图像、多边形和模型等）的编码规范。目前开放地理空间信息联盟（OGC）接管 KML 语言，成为开放地理信息编码标准。Cesium 为 GeoJSON 数据提供了专门接口函数，同样地为 KML 数据也提供了 KmlDataSource API 接口，如表 4.5 所示。

表 4.5　KmlDataSource 接口说明

名称	描述
dsss	用于定义视角
canvas	用于绘制待展示信息
ellipsoid	（可选）地球椭球参数，默认为 WGS-84 椭球

加载 KML 数据格式的示例代码如下，效果如图 4.19 所示。

```
viewer.dataSources.add(Cesium.KmlDataSource.load('../../SampleData/facilities.kmz',
    {
        camera: viewer.scene.camera,    //定义 camera
        canvas: viewer.scene.canvas     //定义 canvas
    })
);
```

图 4.19　加载 KML 数据效果

通常可以在 ArcGIS 中将矢量数据转换为 KML 数据格式，或者在 Google Earth 中生成。

4.3.3　三维模型

三维模型数据格式种类多样，常见的有 DAE、OBJ、STL、3DS MAX、CLM、

IFC 等数据格式。这些主要是桌面软件所支持的数据格式,结构较为复杂,不适于网络传输。因此,Khronos 公司特别推出 GL 传输格式(GL transmission format, glTF)数据格式,glTF 是 Cesium 三维数据传输渲染的数据标准。glTF 的特点就是传输和解析高效,图 4.20 为 glTF 2.0 文件的数据结构。与 glTF 1.0 相比,glTF 2.0 的结构框架中删除了着色器源代码的配置,使数据与着色程序分离,着色器程序由具体的运行环境来配置。glTF 1.0 最上层的是 JSON 文本对象,描述该模型的节点层级、相机、动画等相关逻辑结构,bin 则对应这些对象的具体数据信息,目前纹理图片仅支持.jpg 和.png 照片格式。

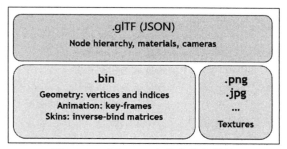

图 4.20 glTF 2.0 文件的数据结构

在 glTF 2.0 中定义描述的三维场景有以下概念:场景(scene)、节点(node)、格网(mesh)、访问器(accessor)、缓冲区块(bufferView)、缓冲区(buffer)、材质(material)、纹理(texture)、图片(image)、取样器(sampler)、蒙皮(skin)、动画(animation)和相机(camera)。以上内容存储在 JSON 对象中,用于定义三维模型的建模要素,如图 4.21 所示。

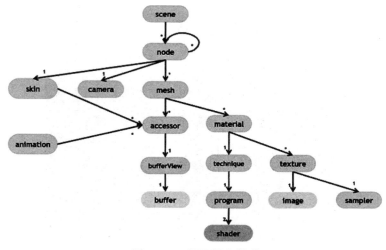

图 4.21 glTF 概念说明

71

　　Cesium 支持 glTF 作为标准数据格式,而且 Cesium 引以为傲的 3D Tiles 也是在 glTF 基础上赋予三维模型细节层次(LOD)属性,提高了大数据加载流畅度。在 Cesium 中加载调用 glTF 非常方便,通过 ModelGraphics API 便可调用 glTF 数据。而且 Cesium 为开发者提供了缩放尺寸、颜色、显示隐藏等丰富参数设置。Cesium 加载 glTF 数据的主要代码如下:

```
var entity = viewer.entities.add({
    name: "plane",
    position: Cesium.Cartesian3.fromDegrees(102.3187,24.4923,0),  //模型位置
    model: {
        uri: "Cesium_Air.gltf",      //glTF 模型
        scale:2,                     //模型本身大小
        minimumPixelSize: 128,       //最小的模型像素
        maximumScale: 20000,         //最大的模型像素
        runAnimations:true,          //是否显示动画
        clampAnimations:true,        //是否保持最后一针的动画
        color:Cesium.Color.RED,      //模型加颜色
        colorBlendMode:Cesium.ColorBlendMode['MIX'],//用于设置模型和颜色的关系
        colorBlendAmount:0.5,        //这个属性必须是 MIX 混合属性才能生效,
见 colorBlendMode
        show:true    //是否显示或隐藏
    }
});
viewer.trackedEntity = entity;      //设置摄像头定位到模型处
```

　　执行效果如图 4.22 所示。

图 4.22　Entity 加载三维模型效果

4.3.4 标 签

标签是一种特殊的空间数据,相当于二维地图中的图标,主要用作标注信息,标明三维模型或其他地理空间数据的名称等属性。如图 4.23 所示,在市民银行公园注明"Citizens Bank Park"字样,这就是文字标签(label),然后再其上添加一个垂直于地面的图形标签(billboard),具体属性设置如表 4.6 所示。

图 4.23　两类标签 label 和 billbord

表 4.6　标签要素

名称	图形	Entity API
label		LabelGraphics
billboard		BillboardGraphics

5　空间数据管理与查询

第 4 章中介绍了空间数据类型，以及如何调用加载 GeoJOSN、KML 和 glTF 等格式的空间数据。此外 Cesium 定义了丰富的空间数据绘制 API，支持创建和管理空间数据，具有很好的灵活性和多样性。空间数据管理与查询是三维场景开发中的重要内容，主要包含空间数据的创建、增加、修改、删除与查询。

本章将详细介绍 Cesium 空间数据绘制方法：Primitive 和 Entity。在前文已经简单介绍并使用 Entity 加载 glTF 三维模型。本章中，将详细介绍 Primitive 和 Entity 的用法和区别，介绍如何通过 Entity 进行空间数据管理和查询，以及如何自定义空间数据查询的方法。

5.1　空间数据管理

Cesium 为开发者提供了丰富的图形绘制和空间数据管理 API，可以分为两类：一类是面向图形开发人员的低层次 API，通常被称为 Primitive API；另一类是用于驱动数据可视化的高层次的 API，称之为 Entity API。在 §3.1Cesium 核心类函数中介绍过 Primitive 和 Entity。总的来说 Primitive 更加灵活，更贴近底层开发，图形绘制和加载数据的效率较高，对于初学者来说难度更大；而 Entity 基于 Primitive 进一步封装，具有固定的格式，调用起来相对便捷，初学者上手较快。在数据量一定的情况下可选用 Entity API，处理的数据量大时选用 Primitive API 提高效率。

5.1.1　Primitive

Primitive API 被设计成为各种类型要素提供高效和灵活的可视化功能，而不仅仅是简单地绘制图形。每种可视化的类型都有其独特的特性，加载三维模型与创建一个 billboard 是不同的，两者又与创建一个 polygon 截然不同。此外，它们各有不同的实现特征，并且需要各自的最佳展示方式。Primitive 通常由两个部分组成：

（1）几何形状（Geometry）：定义了 Primitive 的结构，例如三角形、线条、点等。

（2）外观（Appearance）：定义 Primitive 的着色（Shading），包括 OpenGL 着色语言（OpenGL shading language，GLSL）顶点着色器和片段着色器（vertex and fragment shaders），以及渲染状态（render state）。Primitive API 支持绘制的几何

74

形体已在§4.3.1讲述。

使用 Geometry 和 Appearance 具有以下优势：

（1）高性能。绘制大量 Primitive 时，可以将其合并为单个 Geometry，以减轻计算机中央处理器（CPU）负担，更好地使用图形处理单元（GPU）处理。合并 Primitive 由 Web worker 线程执行，用户界面（UI）保持响应性。

（2）灵活性。Geometry 与 Appearance 相互独立，可以分别对两者进行修改。

（3）低级别访问。易于修改 GLSL 顶点、片段着色器、使用自定义的渲染状态。

同时，这种形式也具有一些不足之处：

（1）实现同样功能相比 Entity API，需要编写更多代码。

（2）需要开发者对图形编程有较深入的理解，特别是 OpenGL 的知识。

Primitive 绘制图形并加载的示例代码如下：

```
var instance = new Cesium.GeometryInstance({
  geometry: new Cesium.RectangleGeometry({     //绘制图形为矩形
    rectangle: Cesium.Rectangle.fromDegrees(105.20, 30.55, 106.20, 31.55),
    vertexFormat:Cesium.EllipsoidSurfaceAppearance.VERTEXT_FORMAT
  })
});
viewer.scene.primitives.add(new Cesium.Primitive({
  geometryInstances: instance,
  appearance: new Cesium.EllipsoidSurfaceAppearance({
    material:Cesium.Material.fromType('Stripe')
  })
}));
```

绘制效果如图 5.1 所示。

上述内容介绍了 Primitive 绘制几何形体的基本过程，以及 Primitive 所支持绘制的几何形体内容。接下来介绍 Primitive 对空间几何形体数据的管理，主要是几何形体合并、选取几何形体及形体内部属性等内容。

1.几何形体合并

将多个 GeometryInstances 合并为一个 Primitive 可极大地提高处理性能。下面的示例代码创建了 2 592 个颜色各异的矩形，覆盖整个地球表面，效果如

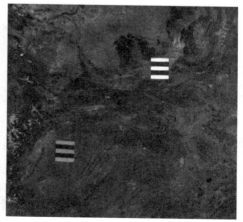

图 5.1 Primitive 绘制矩形

图 5.2 所示。

```
var viewer = new Cesium.Viewer( 'cesiumContainer' );
var scene = viewer.scene;
var instances = [ ];      //定义合并数组
for ( var lon = − 180.0; lon < 180.0; lon += 5.0 )
{
    for ( var lat = − 90.0; lat < 90.0; lat += 5.0 )
    {
        instances.push( new Cesium.GeometryInstance( {
            geometry: new Cesium.RectangleGeometry( {
                rectangle: Cesium.Rectangle.fromDegrees( lon, lat, lon + 5.0, lat +
5.0 )
            } ),
            attributes: {
                color: Cesium.ColorGeometryInstanceAttribute.fromColor(
Cesium.Color.fromRandom( {
                    alpha: 0.5
                } ) )
            }
        } ) );
    }
}
scene.primitives.add( new Cesium.Primitive( {
    geometryInstances: instances,        //合并 geometryInstances
    appearance: new Cesium.PerInstanceColorAppearance()
//某些外观允许每个几何图形实例分别指定某个属性
} ) );
```

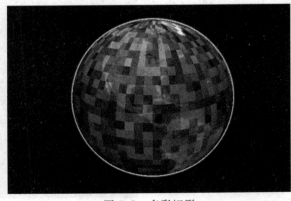

图 5.2 多彩矩形

2．几何形体选取

即使多个 GeometryInstance 被合并为单个 Primitive,依然可以被独立地访问。可以为每一个 GeometryInstance 指定一个 ID,并且可以通过 Scene. pick 来判断该实例是否被选取,示例代码如下:

```
var viewer = new Cesium.Viewer( 'cesiumContainer' );
var scene = viewer.scene;
var instance = new Cesium.GeometryInstance( {
    geometry: new Cesium.RectangleGeometry( {
        rectangle: Cesium.Rectangle.fromDegrees( -100.0, 30.0, -90.0, 40.0 )
    } ),
    id: 'rectangle-1',
    attributes: {
        color: Cesium.ColorGeometryInstanceAttribute.fromColor( Cesium.Color.RED )
    }
} );
scene.primitives.add( new Cesium.Primitive( {
    geometryInstances: instance,
    appearance: new Cesium.PerInstanceColorAppearance()
} ) );
var handler = new Cesium.ScreenSpaceEventHandler( scene.canvas );
//设置单击事件的处理结果
handler.setInputAction( function( movement )
{
    var pick = scene.pick( movement.position );
    if ( Cesium.defined( pick ) && ( pick.id === 'rectangle-1'))
    {
        console.log( '矩形被选取' );
    }
}, Cesium.ScreenSpaceEventType.LEFT_CLICK );
```

3．几何形体实例

在上面的例子中已经用到了 GeometryInstances。GeometryInstance 与 Geometry 的关系是:前者是后者的容器,不同的实例(Instance)中可以调用同一 Geometry,设置不同位置和颜色等信息,实现不同的需求。例如下述例子使用同一个 Geometry 绘制了两个实例,一个位于另一个的上方,代码如下:

```
var viewer = new Cesium.Viewer( 'cesiumContainer' );
var scene = viewer.scene;
var ellipsoidGeometry = new Cesium.EllipsoidGeometry( {
    vertexFormat: Cesium.PerInstanceColorAppearance.VERTEX_FORMAT,
```

```
    radii: new Cesium.Cartesian3(300000.0, 200000.0, 150000.0)        //三轴半径
});
//位于下方的几何图形实例
var cyanEllipsoidInstance = new Cesium.GeometryInstance({
    geometry: ellipsoidGeometry,
    modelMatrix:
Cesium.Matrix4.multiplyByTranslation (Cesium.Transforms.eastNorthUpToFixedFrame
(Cesium.Cartesian3.fromDegrees( -100.0, 40.0 )), new Cesium.Cartesian3 (0.0, 0.0,
150000.0 )),
    attributes: {
        color: Cesium.ColorGeometryInstanceAttribute.fromColor( Cesium.Color.CYAN )
    }
});
//位于上方的几何图形实例
var orangeEllipsoidInstance = new Cesium.GeometryInstance({
    geometry: ellipsoidGeometry,
    modelMatrix:
Cesium.Matrix4.multiplyByTranslation (Cesium.Transforms.eastNorthUpToFixedFrame
(Cesium.Cartesian3.fromDegrees( -100.0, 40.0 )), new Cesium.Cartesian3 (0.0, 0.0,
450000.0 )),
    attributes: {
        color: Cesium.ColorGeometryInstanceAttribute.fromColor( Cesium.Color.
ORANGE )
    }
});
scene.primitives.add( new Cesium.Primitive( {
    geometryInstances: [
        cyanEllipsoidInstance, orangeEllipsoidInstance
    ],
    appearance: new Cesium.PerInstanceColorAppearance( {
        translucent: false,
        closed: true
    } )
} ) );
```

绘制效果如图 5.3 所示。

4. GeometryInstance 属性

在添加到 Primitive 中以后，仍然可以修改几何图形的属性，包括：

(1)color。如果 Primitive 设置了 PerInstanceColorAppearance 外观，则可以修改 ColorGeometryInstanceAttribute 类型的颜色。

（2）show。任何几何图形实例均可以修改其可见性属性。

图 5.3　两个几何图形实例

下面示例代码展示了如何改变几何实例的颜色：

```
var circleInstance = new Cesium.GeometryInstance( {
    geometry: new Cesium.CircleGeometry( {
        center: Cesium.Cartesian3.fromDegrees( -95.0, 43.0 ),
        radius: 250000.0,
        vertexFormat: Cesium.PerInstanceColorAppearance.VERTEX_FORMAT
    } ),
    attributes: {
        color: Cesium.ColorGeometryInstanceAttribute.fromColor( new Cesium.Color
(1.0, 0.0, 0.0, 0.5 ) ),
        show: new Cesium.ShowGeometryInstanceAttribute( true )    //显示或者隐藏
    },
    id: 'circle'
} );
var primitive = new Cesium.Primitive( {
    geometryInstances: circleInstance,
    appearance: new Cesium.PerInstanceColorAppearance( {
        translucent: false,
        closed: true
    } )
} );
scene.primitives.add( primitive );
setInterval( function()         //定期修改颜色
{
    var attributes = primitive.getGeometryInstanceAttributes( 'circle' );   //获取某个
实例的属性集
    attributes.color = Cesium.ColorGeometryInstanceAttribute.toValue(Cesium.
Color.fromRandom( {
        alpha: 1.0
    } ) );
}, 2000 );
```

使用 primitive.getGeometryInstanceAttributes 可以从 Primitive 中检索出几何实体的属性。该属性可以直接修改。示例代码情况下,正在改变 attributes.color 值为:每 2 000 ms 生成一个新的随机的颜色。

5. 外观

Primitive 由两个重要部分组成:几何图形实例和外观。一个 Primitive 只能有一个外观,而可以有多个实例。几何图形定义了结构,外观定义了每个像素被如何着色,外观可使用材质(material)表达。这些对象的关系如表 5.1 所示。

表 5.1 外观种类

外观	说明
MaterialAppearance	支持各种 Geometry 类型的外观,支持使用材质来定义着色
EllopsoldSurfaceAppearance	MaterialAppearance 的一个版本。假设几何图形与地表是平行的,并且以此来进行顶点属性(vertex attribute)的计算
PerInstanceColorAppearance	让每个实例使用自定义的颜色着色
PolylineMaterialAppearance	支持使用材质来着色多线段
PolylineColorAppearance	使用每顶点或者每片段(per-vertex or per-segment)的颜色来着色多线段

外观定义了需要在图形处理单元(GPU)上执行的完整 GLSL 顶点、片段着色器,通常不需要修改这一部分,除非需定义自定制的外观。大部分外观具有 flat、faceForward 属性,可以间接地控制 GLSL 着色器。

(1)flat:扁平化着色,不考虑光线的作用。

(2)faceForward:布尔类型,用于控制光照效果。

6. Geometry 与 Appearance 的兼容性

需要注意,不是所有外观和所有几何图形可以搭配使用,例如 EllipsoidSurfaceAppearance 与 WallGeometry 就不能搭配,原因是后者是垂直于地表的。即使外观与几何图形兼容,它们还必须有匹配的顶点格式(vertex format),即几何图形必须具有外观才可以作为输入的数据格式,在创建 Geometry 时可以提供 VertexFormat。

5.1.2 Entity

Entity API 是对高层次抽象对象一致性的设计,这些对象将可视化和信息整合成统一的数据结构,称之为 Entity。它让开发者专注于数据的呈现,而不必担心底层的可视化机制。它还提供了易于实现复杂与时间动态可视化功能的结构,与静态数据自然地结合在一起。Entity API 底层上使用了 Primitive API 实现,通过对 Primitive 封装整合后,Entity API 能够提供灵活的、高性能的可视化功能,同时提供一种具有一致性、易于学习和使用的接口。

下面示例代码通过 Entity 加载一个尺寸为 10 个像素的黄色点,效果如图 5.4所示。

```
viewer.entities.add({
    position: Cesium.Cartesian3.fromDegrees( - 75.59777, 40.03883),
    point: {
        pixelSize: 10,      //点的大小
        color: Cesium.Color.YELLOW      //点的颜色
    }
});
```

图 5.4　尺寸为 10 个像素的黄点

可以看到 point 通过 viewer 中的 entities 加载到场景中,entities 是 Entity 的集合对象。这是最简单的示例,在场景中加一个点,需要设置以下属性:

(1)position,点在场景中的位置。

(2)point,指明该 Entity 对象为 point 类型,其中大小为 10、颜色为黄色。

Entity 如同 Primitive 一样提供了很多几何形体绘制 API,但二者有所区别,如几何形体外轮廓线只能通过 Primitive API 绘制,Entity 暂不支持。此外 Entity不支持绘制圆形和球体。§4.3.1 分别从点、线、面、体对几何体展开介绍,在这里总结 Entity 目前可绘制几何体,如表 5.2 所示。

表 5.2　Entity 支持的几何形体

几何形体	Entity API
立方体	BoxGraphics
廊	CorridorGraphics
圆柱或圆锥	CylinderGraphics

续表

几何形体	Entity API
椭圆	EllipseGraphics
椭球体	EllipsoidGraphics
面	PlaneGraphics
多边形	PolygonGraphics
折线	PolylineGraphics
管	PolylineVolumeGraphics
矩形	RectangleGraphics
墙体	WallGraphics

以上内容介绍了 Entity 如何创建空间几何形体，接下来介绍通过 Entity 进行几何形体管理，包括更改几何形体的材质、样式、移除及选择实体等内容。

1. 材质

空间对象可视化，不仅需要设置对象的空间位置，还需要设置对象的显示样式。显示样式就是通过材质来控制，如颜色、透明度、纹理贴图、光照等，颜色和透明度较为常用。以下示例代码为绘制一个半透明的红色椭圆，效果如图 5.5 所示。

```
viewer.entities.add({
    position:Cesium.Cartesian3.fromDegrees(103.0, 40.0),
    name:'Red ellipse on surface with outline',
    ellipse:{
        semiMinorAxis:250000.0,
        semiMajorAxis:400000.0,
        material:Cesium.Color.RED.withAlpha(0.5),
    }
});
```

图 5.5　Entity 绘制椭圆

2.填充和边框

填充和边框共同组成了面状对象的样式,通过设置属性 fill(默认为 true)和 outline(默认为 false)来确定是否显示填充和边框,material 对应填充样式,outlineColor 和 outlineWidth 对应边框的颜色和宽度。注意:outlineWidth 只适用于非 Windows 系统,如 Android、iOS、Linux 和 OSX;在 Windows 系统中,边框线的宽度总是为 1。这是由于在 Windows 上,所有的三个主要浏览器引擎中具有 WebGL 限制。如下代码为绘制一个填充为红色、边框为蓝色的半透明椭圆,效果如图 5.6 所示。

```
viewer.entities.add({
  position:Cesium.Cartesian3.fromDegrees(103.0, 40.0),
  name:'Red ellipse on surface with outline',
  ellipse:{
    semiMinorAxis:250000.0,
    semiMajorAxis:400000.0,
    height:200000.0,
    fill:true,
    material:"./sampledata/images/globe.jpg",  // 贴图路径
    outline:true,    // 必须设置 height,否则 ouline 无法显示
    outlineColor:Cesium.Color.BLUE.withAlpha(0.5),
    outlineWidth:10.0     // Windows 系统下不能设置,只能固定为 1
  }
});
```

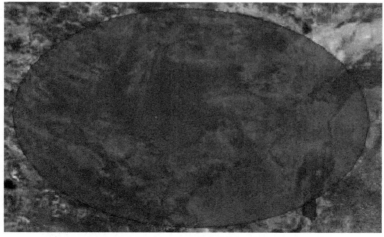

图 5.6 Entity 绘制填充图形

3．贴图

通过设置 material 为图片，可以将图片填充到对象中，效果如图 5.7 所示。

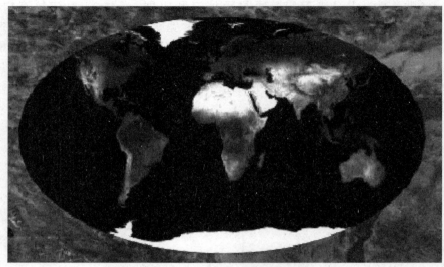

图 5.7　Entity 绘制贴图填充

4．垂直拉伸

有时候我们需要将面在垂直方向进行拉伸形成体，通过 extrudedHeight 即可实现这种效果，形成的体积仍然符合拉伸面的地球曲率，示例代码如下，效果如图 5.8 所示。

```
viewer.entities.add({
  position:Cesium.Cartesian3.fromDegrees(103.0, 40.0),
  name:'Red ellipse on surface with outline',
  ellipse:{
    semiMinorAxis:250000.0,
    semiMajorAxis:400000.0,
    height:200000.0,
    extrudedHeight:400000.0,   // 拉伸长度
    fill:true,
    material:Cesium.Color.RED.withAlpha(0.5),
    outline:true,      // 必须设置 height,否则 ouline 无法显示
    outlineColor:Cesium.Color.BLUE.withAlpha(0.5),
    outlineWidth:10.0      // Windows 系统下不能设置,只能固定为1
  }
});
```

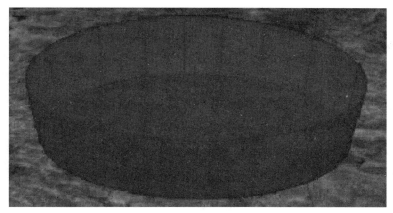

图 5.8　Entity 拉伸面成体

5．添加移除操作

viewer. entities 属性实际上是一个 EntityCollecton 对象，是 Entity 的一个集合，EntityCollecton 提供了 add、remove、removeAll 等接口来管理场景中的 Entity。

```
add(entity)→ Entity   // 添加实体内容
getById(id)→ Entity   // 获取某个实体，然后可以更改实体内部属性
remove(entity)→ Boolean   // 移除某实体
removeAll()   // 移除场景内所有实体，主要用于清空场景实体对象
removeById(id) → Boolean   // 可通过 Entity 的 id 移除对应实体
```

6．拾取

在多数应用场景中，不仅需要绘制出空间对象，还需要用鼠标拾取对象。Cesium 提供了 scene. pick 接口，下述示例代码实现添加圆柱体，并通过鼠标左键单击实现对象的拾取：

```
Var entity = viewer. entities. add({
    id:'ellipse',
    position:Cesium. Cartesian3. fromDegrees(103.0, 40.0),
    ellipse:{
        semiMinorAxis:250000.0,
        semiMajorAxis:400000.0,
        height:200000.0,
        extrudedHeight:400000.0,
        fill:true,
        material:Cesium. Color. RED. withAlpha(0.5),
        outline:true,        //必须设置 height,否则 ouline 无法显示
        outlineColor:Cesium. Color. BLUE. withAlpha(0.5),
```

```
        outlineWidth:1.0     //Windows 系统下不能设置,只能固定为 1
    }
});
Var handler = new Cesium.ScreenSpaceEventHandler(viewer.scene.canvas);
handler.setInputAction(function(movement) {
  var pick = viewer.scene.pick(movement.position);
  if(Cesium.defined(pick) && (pick.id.id === 'obj_id_110')) {
      alert('picked! ');
  }
},Cesium.ScreenSpaceEventType.LEFT_CLICK);
```

以上代码,在添加的 Entity 中加入 id 唯一标识,然后利用 ScreenSpaceEvent Handler 接口监听鼠标事件。在鼠标左键单击事件中,通过 viewer. scene. pick 获取点击的对象,如果对象不为空且 id 匹配则说明选中,效果如图 5.9 所示。

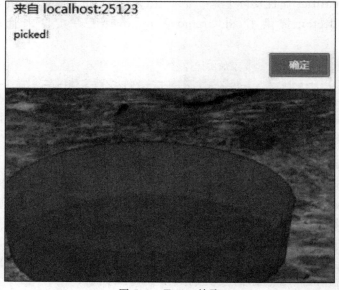

图 5.9 Entity 拾取

scene. pick 只能拾取单个 Entity 对象,三维场景中存在同一经纬度处可能存在多个 Entity 对象,scene. drillPick 可获取鼠标点击位置下的所有 Entity 集合。

5.2 空间数据查询

空间信息查询是用户与客户端信息交互的最典型功能,Cesium 设定了基础便捷的信息查询控件:Infobox。Infobox 归属于 Entity 事件,Infobox 在 Entity 函数中起作用,也可使用 DataScource,若要用于 Primitive 对象则需要先转为 Entity,后续 3D Tiles 查询会讲述具体方法。在定义 Viewer 的时候设置 Infobox 是否启用。Entity 中的 description 用于设定 Entity 的属性显示信息,description 中填充的内容利用 HTML 标签进行"包裹",之后可以直接传到页面中,不需设定样式、封装事件,提高了开发效率。当用户点击某一个实体对象时,则屏幕右上角自动弹出开发者提前设定好的信息。图 5.10 所示的样例里显示的是建筑名称、照片及该建筑所属学院网站链接。

```
var position = Cesium.Cartesian3.fromDegrees(x, y);
//定义实体,加载模型数据,定义属性信息(封装为 HTML 标签)
var entity = viewer.entities.add({
    id:'building1',
    position: position,
    model: {
        uri:'building1.gltf'
    },
    description: '\
    <img width = "100%"  src = "image/guanlitu.jpg">\
    <p>管理学院</p>\
    <p>资源:\
    <a style = "color: WHITE" href = "http://glxy.cumtb.edu.cn/">管理学院网站</
a>\
    </p>'
});
```

图 5.10 空间信息查询界面

上述 Infobox 信息查询方法方便快捷,但是缺点在于信息弹窗固定在右上角,无法移动。对于习惯使用移动气泡信息框的用户来说,样式效果不理想,因此可自定义气泡窗口模式,使气泡窗口可以随地图移动而移动,自定义气泡窗口效果如图 5.11 所示。

图 5.11　自定义气泡窗口

具体实现思路为:首先在创建 Viewer 类时将 Infobox 选项关闭,即将属性设置为 true,selectionIndicator 也设置为 false(selectionIndicator 若为 true,则选中对象时会出现矩形选中框)。这两个选项关闭后,下面就可以重写弹出框样式。

```
var viewer = new Cesium.Viewer('cesiumContainer',{
infobox:false,          //不显示 infobox 信息窗口
    selectionIndicator:false,     // 不显示选定框
});
```

重写弹出气泡窗 CSS 样式,将信息窗修改为白色背景,字体为黑色,关键代码如下:

```
.popup {       //气泡窗位置随点击位置变化
    position: absolute;
    text - align: center;
}
.popup - close - button {       //气泡窗关闭按钮
    position: absolute;
    top: 0;
    right: 0;
    padding: 4px 4px 0 0;
```

```
        text - align: center;
        width: 18px;
        height: 14px;
        font: 16px/14px Tahoma, Verdana, sans - serif;    ///字体字号
        color: #c3c3c3;
        text - decoration: none;
        font - weight: bold;
        background: transparent;
    }
    .popup - content { //内容区域样式
        margin: 13px 19px;
        line - height: 1.4;
        height: 100px;
    }
    .popup - tip - container {    //中心内容区域
        margin: 0 auto;
        width: 200px;
        height: 100px;
        position: relative;
        overflow: hidden;
    }
// 气泡窗口的整体结构,由多个 div 嵌套而成,从后端获取的数据将自动填充到 id 为
trackPopUp 的 div 中
var infoDiv = '<div id = "trackPopUp" style = "display:none;">'
$ ("#cesiumContainer").append(infoDiv);    //将气泡窗口添加进视窗中
```

在地图上显示气泡窗口样式的 div 比较容易,但如果要实现动态刷新气泡窗口的位置,需要实现以下两点:

(1)在 Cesium 中监听鼠标当前点击对象屏幕坐标,然后将屏幕坐标转换为笛卡儿空间直角坐标系,继续转换为地理坐标系。加载的地理数据都是以经纬度来表示位置,而鼠标不能直接在屏幕上获取经纬度,所以要有这样一个转换。可以参照前文中坐标系转换的内容。这样得到经纬度后就可以根据当前坐标动态更新气泡窗口 div 的显示位置。

(2)除了要监听鼠标的点击事件,还需要监听 Cesium 的 postRender 渲染事件。因为拖拽球体移动,气泡窗口 div 也要对应移动,气泡窗口的位置变化与 Cesium 球体要动态刷新。

6　静态场景三维可视化

本章主要描述支持大规模异构三维空间数据加载的 3D Tiles 数据格式,并介绍对应典型三类静态场景的地理空间表达和空间属性查询实现方法,构建室外室内、地上地下一体化的三维场景。

6.1　高效三维数据格式:3D Tiles

3D Tiles 是 Cesium 提出的处理三维地理大数据的数据格式,目前已是 OGC 数据标准之一,并在 Web 端三维数据传输中取得广泛应用。从结构关系上看,3D Tiles 归属于 Primitive,具有很高的数据加载效率。本节将从 3D Tiles 的定义、数据结构及生成方法进行详细介绍。

6.1.1　3D Tiles 定义

3D Tiles 是 Cesium 于 2016 年 3 月定义的一种三维模型瓦片数据结构。3D Tiles 将海量三维数据以分块、分层的形式组织起来,这样就大大减轻了浏览器和图形处理单元(GPU)的负担。3D Tiles 数据规范在 glTF 基础上提供了细节层次(LOD)能力,目标就是实现在 Web 环境下海量三维模型数据的加载与展示。3D Tiles 是一种开放式规范,用于跨桌面使用,Web 端和移动应用程序共享,以及与大量异构三维地理空间要素交互。3D Tiles 数据特点如下:

(1)开放且灵活。作为一种开放式数据规范,3D Tiles 的切片方案灵活可变,三维模型的切片大小和覆盖范围可以人为设置。此外,3D Tiles 还能够适配三维空间中多种空间分区方案,包括 KD 树、四叉树、八叉树、普通网格,以及其他空间数据结构等。

(2)异质性支持。通过一组已定义的文件格式,可以将多种类型的三维地理空间要素(包括倾斜摄影数据、BIM/CAD 数据、三维建筑模型、实例化要素和点云数据)转换为三维形式的单个数据集,同时又允许多种不同格式标准的模型显示在同一个场景中。

(3)专为三维可视化设计。3D Tiles 建立在 glTF 格式之上,并引入了三维图形领域的技术,3D Tiles 格式的基础就是树状模型对象的层次结构(hierarchical levels of detail,HLOD)。传统的细节层次模型会访问场景中所有对象或者节点,针对每一个节点判断是否符合渲染的条件;而 HLOD 具备层次结构,当不满足细化渲染条件的时候,场景只会渲染父级对象或节点,不会访问子节点,因此计算量相对较小。

将大量三维模型预先处理成 3D Tiles 的格式,可以让浏览器端从请求数据到WebGL渲染数据的流程更快速和简单,减轻浏览器端的处理压力。同时,因为三维模型预先处理成了分块的三维瓦片格式,所以也减少了 WebGL 绘制请求的数量。

(4)可交互。3D Tiles 支持交互旋转和样式的设置,在 WebGL 中优化后,三维瓦片支持对单个模型的交互,如高亮显示鼠标悬停位置的模型,或删除一个三维建筑模型。还支持对单个模型的材质修改,如根据建筑高度和年代,可以设置不同的显示效果而不需要重新更新代码。3D Tiles 用于流式传输三维空间信息,包括建筑物、树木、点云和矢量数据等。数据的加载比较简单,代码如下:

```
var tileset = viewer.scene.primitives.add(new Cesium.Cesium3D Tileset({
    url: url,   //数据路径
    maximumScreenSpaceError: 2,          //最大的屏幕空间误差
    maximumNumberOfLoadedTiles: 1000,    //最大加载瓦片个数
    modelMatrix: m    //形状矩阵
}));
```

首先指定一个 url 对数据进行检索,然后将对象添加到场景中。在本例中将tileset 添加到 scene.primitive 而不是 scene.entity,因为 3D Tiles 不是 Entity API 的一部分。maximumScreenSpaceError 指定了一个视图中最大的屏幕空间误差,数字越低,视觉效果就越好。但高细节的视觉效果往往伴随着高性能运算成本。

6.1.2　3D Tiles 数据结构

3D Tiles 的格式由两部分组成,一个是 JSON 格式的数据组织文件(tileset.json),另外是每个瓦片节点对应的模型文件,3D Tiles 支持的模型文件格式有.b3dm、.i3dm、.pnts、.vctr、.cmpt 五种,具体说明见表 6.1。

表 6.1　3D Tiles 模型文件类型

格式名称	说明
Batched 3D Model(*.b3dm)	用于具有不同几何、材质或贴图的异质模型网格
Instanced 3D Model(*.i3dm)	实例化的模型,应用同一个三维模型,用于树木等相同的地物可视化
Point Cloud(*.pnts)	用于点云数据的可视化
Vector Data(*.vctr)	用于矢量数据的可视化(处于研发阶段)
Composite(*.cmpt)	上述几种格式的组合

下面是截取的一个 3D Tiles 的 tileset.json 格式文件的部分内容,tileset.json

中最高层级的对象有四个属性：asset、properties、geometricError 和 root。

```
{
    "asset": {
        "version": "1.0"
    },
    "properties": {
        "Longitude": {
            "minimum": - 0.0005589940528287436,
            "maximum": 0.0001096066770252439
        },
        "Latitude": {
            "minimum": 0.8987242766850329,
            "maximum": 0.899060112939701
        },
        "Height": {
            "minimum": 1,
            "maximum": 241.6
        }
    },
    "geometricError": 494.50961650991815,
    "root": {
        "boundingVolume": {
            "region": [
                - 0.0005682966577418737,
                0.8987233516605286,
                0.00011646582098558159,
                0.8990603398325034,
                0,
                241.6
            ]
        },
        "content": {
            "boundingVolume": {
                "region": [
                    - 0.0004001690908972599,
                    0.8988700116775743,
                    0.00010096729722787196,
                    0.8989625664878067,
                    0,
                    241.6
```

```
            ]
        },
        "url": "0/0/0.b3dm"
    },
    "geometricError": 268.37878244706053,
    "refine": "ADD",
    "children": [{
        "boundingVolume": {
            "region": [
                -0.00048530625180954 34,
                0.898741188925484,
                -0.00027366762671271 07,
                0.8989037314387226,
                0,
                158.4
            ]
        },
        "content": {
            "boundingVolume": {
                "region": [
                    -0.00040585886425876 14,
                    0.898746512179703,
                    -0.00027366762671271 07,
                    0.8989037314387226,
                    0,
                    158.4
                ]
            },
            "url": "1/0/0.b3dm"
        },
        "geometricError": 159.43385994848,
    }]
    }
}
```

asset 是一个包含了整体 tileset 元数据属性的对象,其中 version 属性是定义 3D Tiles 版本的字符串,版本号定义了 tileset.json 的 JSON 格式和瓦片格式的基础。tilesetVersion 属性是一个选填的字符串,用于定义特定应用中 tileset 的版本,可以用于更新 tileset。

properties 规定了瓦片集最大外包矩形地理空间范围,由经度、纬度、高度三个属性的最大值和最小值界定。

geometricError 定义了一个非负误差（以米为单位），在这个误差下瓦片集不被渲染。

root 用于定义根瓦片，root. geometricError 与最高层级 tileset. json 的 geometricError 不同。后者是整个瓦片集不被渲染的误差，前者是只有根瓦片被渲染的误差。

children 定义子瓦片对象的数组。每个子瓦片都有 boundingVolume，这个边界体被父瓦片的 boundingVolume 完全包围，通常子瓦片的 geometricError 要小于父瓦片的 geometricError。对于叶子瓦片而言，子瓦片数组的长度为零。

6.1.3　3D Tiles 生成方法

目前主要有四类三维数据格式模型：BIM、3ds Max 模型、倾斜摄影数据模型、简易三维模型。这里通过 CesiumLab 工具，将以上数据转换成 3D Tiles，再利用 Cesium 的 Cesium. Cesium3D Tileset 加载到 Scene 中。

首先，简单介绍一下 CesiumLab 工具。CesiumLab 是面向开源三维地球引擎 Cesium 的一套免费的工具包：包含可输出标准地形切片、WMTS 切片、3D Tiles 的数据处理工具集；内嵌式 HTTP 分发服务器，支持按图层管理数据服务及内嵌样式、场景服务辅助用户使用；部分开源的二次开发 SDK，包含完整的分析测量、模型位置编辑、效果调整等功能。官方网址为 https://www. cesiumlab. com，如图 6.1 所示。

图 6.1　CesiumLab 官方网页

可点击首页的"更新历史"，下载软件安装包，如图 6.2 所示。下载完成后进行安装，安装成功后首次使用需要进行注册，如图 6.3 所示。

以下是利用 CesiumLab 转换成 3D Tiles 格式的流程。

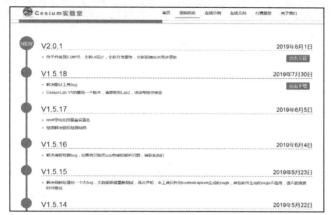

图 6.2　CesiumLab 安装包下载

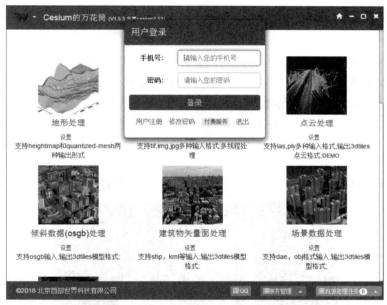

图 6.3　CesiumLab 登录界面

1. 简易三维模型(矢量白模)

（1）首先在 ArcGIS 中制作相应的矢量面文件(注意投影坐标信息)，并且给矢量面要素赋予相应的高程值，制作完成后保存文件。

（2）打开 CesiumLab 软件，选定建筑物矢量面处理工具，弹出如图 6.4 所示页面。

（3）选择输入文件，设置高度信息字段。若需要贴图效果，还要对纹理参数进行配置，设置完成后选择相应的输出目录即可。

图 6.4　矢量数据处理

（4）在 Cesium 中浏览，主要代码如下所示，修改数据路径即可（注意不要轻易修改.json 文件的格式，以免坐标数组换行，导致数据不可用）。

```
var 3DTileset = new Cesium.Cesium3DTileset({
    url: './TestData/output/DAEPalace/tileset.json'//改成自己的 3D Tiles 文件路径
})
viewer.scene.primitives.add(3D Tileset);
```

（5）显示效果如图 6.5 所示（导出文件时设置了相应的高程及纹理信息）。

图 6.5　简易三维模型

96

2．精细三维模型(3ds Max 模型)

(1)用 3ds Max 软件打开模型文件,选择导出 .obj 格式文件,如图 6.6 所示。导出文件时,注意材质导出格式选择 png 格式,点击确定即可。

图 6.6　导出.obj 文件

(2)打开 CesiumLab 工具,选择场景数据处理工具,如图 6.7 所示。

图 6.7　场景处理工具

（3）选中输入文件，设置模型的位置，如图6.8所示。

图6.8　3ds Max模型转换

3. 倾斜摄影模型

（1）首先新建一个文件夹（名称任意，但是子文件夹如图6.9所示，子文件名称必须严格如图6.10所示），在此文件夹下面新建data文件夹用于存放.osgb文件，至此数据准备阶段完成。

（2）在CesiumLab中选择倾斜数据（osgb）处理，如图6.11所示。

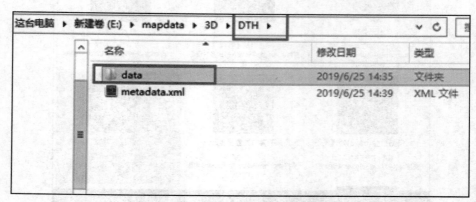

图6.9　新建目录文件夹

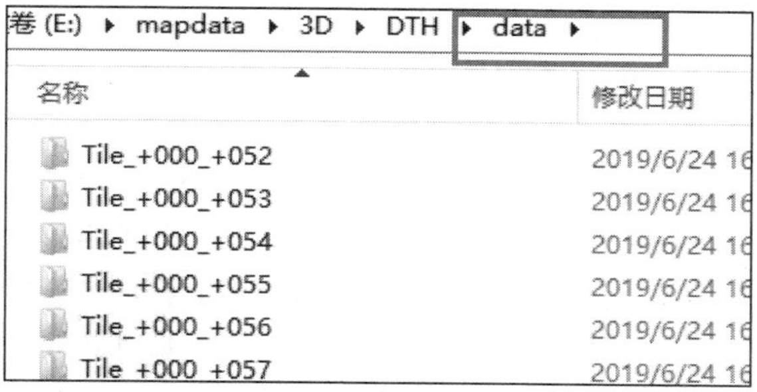

卷 (E:) ▸ mapdata ▸ 3D ▸ DTH ▸ data ▸	
名称	修改日期
Tile_+000_+052	2019/6/24 16
Tile_+000_+053	2019/6/24 16
Tile_+000_+054	2019/6/24 16
Tile_+000_+055	2019/6/24 16
Tile_+000_+056	2019/6/24 16
Tile_+000_+057	2019/6/24 16

图 6.10　数据准备

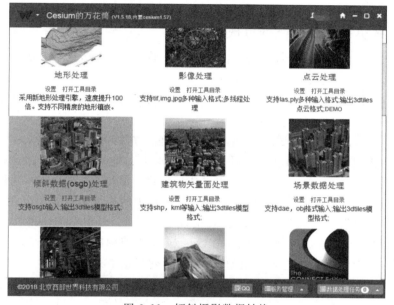

图 6.11　倾斜摄影数据转换

需要注意的是,在输入文件时,文件路径一定要选择 data 文件夹,才能自动读取空间参考及零点坐标,之后选择相应的输出目录即可,如图 6.12 所示。

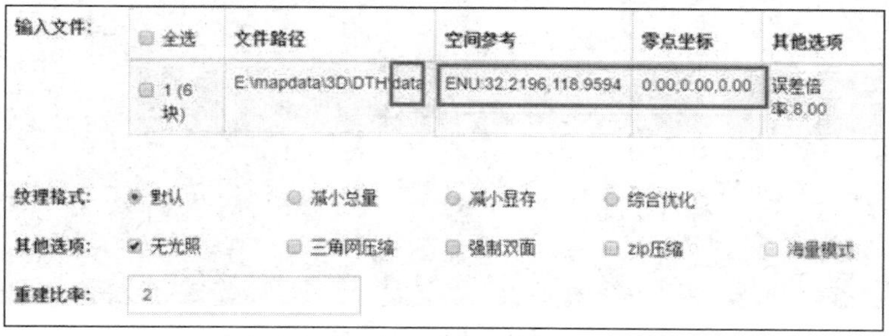

图 6.12　倾斜摄影数据转换设置

6.2　城市场景三维可视化

前文简要介绍了 Cesium 数据格式、图形绘制、交互查询等内容,本节开始进入真正意义上的三维场景可视化开发,将为读者详细描述构建大范围三维场景的方法,包括数据处理、场景构建、信息交互等关键性内容。在本书中,大范围三维场景至少是园区范围或者城市范围的三维场景,主要以城市建筑模型为主。本节将从精细三维模型、倾斜摄影数据、简易三维模型三种不同模型入手,分析各自的适用环境和效果。

6.2.1　城市精细模型三维可视化

按照 CityGML 对地物模型精度划分,大范围精细三维模型属于细节层次的三级(LOD3),精细刻画了建筑模型外部特征,具有真实的外部纹理,模型尺寸结构完全按照真实建筑构建。本书以中国矿业大学(北京)校园为场景,根据建筑物尺寸数据 1∶1 构建精细三维模型。

精细三维模型对建模要求高,笔者采用三维激光扫描结合 3ds Max 标准化建模的方式,构建精细三维模型。三维激光扫描能够快速获取建筑物三维尺寸信息和纹理信息(图 6.13)。在 3ds Max 中构建精细化三维模型(图 6.14),建模时应注意模型坐标问题,模型原点对应其在 Cesium 场景中的模型坐标。切记在 3ds Max 建模时,将模型置于 $Z = 0$ 的平面内,否则模型在 Cesium 中不能贴地。对于模型原点有两种处理方法,第一种方法是在 3ds Max 中建模时,构建整个场景的粗略地面模型,其上预留每个建筑模型的位置,然后建模时在指定位置构建建筑模型,确保建筑间的相对关系,再整体导入 Cesium 中(此种情况,Cesium 中所有模型的地理坐标一样,但中心点位置存在偏差);第二种方法是在 3ds Max 中将模型左下角(可设置其他角点,尽量保持一致)置于坐标原点处,而在 Cesium 中对每个模型角点赋予正确的地理坐标,同样能够保证模型的相对位置。

图 6.13　拼接后的三维激光扫描点云

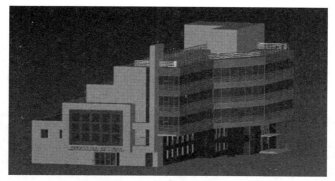

图 6.14　3ds Max 三维模型

　　两种方法各有优缺点,第一种方法前期建模较为麻烦,需要确保每个模型相对位置关系,但是不需要获取每个模型的地理位置;第二种方法建模相对容易,但需要采集每个模型的精确角点坐标。本书选取第一种建模方式,经 CesiumLab 软件处理后将模型转为 3D Tiles 格式,模型结构和纹理特征基本不变,数据量压缩了79%,显示效果如图 6.15 所示。

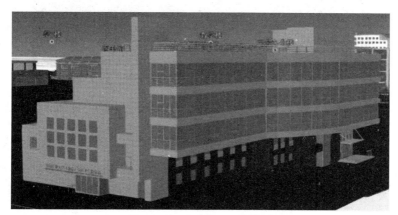

图 6.15　3D Tiles 三维模型

　　按照上述方法,对整个校园 30 栋建筑物进行精细化建模,3ds Max 格式文件总容量为 510 MB,经过数据压缩后转换为 3D Tiles 数据,数据量变为 296 MB。通过 CesiumLab 转换模型数据,建议模型的名称保持唯一,在用户交互时能发挥作用。在 Cesium 中加载数据,示例代码如下,效果如图 6.16 所示。

```
//通过 Cesium3DTileset API 调用 3D Tiles 数据
var tileset = viewer. scene. primitives. add(new Cesium. Cesium3DTileset({
  url: './yifu/tileset. json'
}));
//设定相机事件,将视角缩放至模型
```

```
tileset.readyPromise.then(function () {
  var boundingSphere = tileset.boundingSphere;
  viewer.camera.viewBoundingSphere(boundingSphere, new Cesium.HeadingPitchRange(0.0,
  -0.5, boundingSphere.radius));
})
```

图 6.16 加载后的模型

3D Tiles 交互查询主要依赖于监听 scene.pick 与 3D Tiles 数据之间是否发生交互关系,然后按 Entity 的形式显示交互信息,核心代码如下所示,点击模型后效果如图 6.17 所示。

```
var selectedEntity = new Cesium.Entity();  // 定义一个待选 Entity
viewer.screenSpaceEventHandler.setInputAction(function onLeftClick(movement) {
  var pickedFeature = viewer.scene.pick(movement.position);  // 位置拾取
  if (pickedFeature instanceof Cesium.Cesium3DTileFeature){ // 判断拾取的位置是否属
于 3D Tiles 数据
    var featureName = pickedFeature.getProperty('file');
    if (featureName === '逸夫楼'){     // 判断名称是否相同
        viewer.selectedEntity = selectedEntity;      // 将待选 Entity 传给 viewer.
selectedEntity,可触发消息事件
        selectedEntity.name = '逸夫楼';     // 设置显示名称
        selectedEntity.description =   '< img width = "100%" height = "100%"  src =
"yifutu.png">\// 设置显示的详细信息
        <p>逸夫楼是研究生院以及理学院,文法学院,马克思主义学院</p>\
        <p>资源:\
```

```
            <a style = "color: WHITE" href = "http://yjs.cumtb.edu.cn/">研究生院网站
    </a>\
        </p>';
    }
  }
}, Cesium. ScreenSpaceEventType. LEFT_CLICK);
```

图 6.17　逸夫科技楼三维模型

图 6.18 展示了大范围的精细三维模型的整体效果。

图 6.18　大范围精细模型三维可视化

6.2.2　城市倾斜摄影三维可视化

精细模型虽然模型细致，但是建模复杂、自动化程度低、建模周期长，对于大范围如城市范围的三维场景来说难度较大。倾斜摄影测量是通过卫星或飞机搭载相机对建筑多角度成像,通过后期同名点匹配、空中三角测量加密等处理,生成倾斜摄影表面模型。该方法自动化程度高,真实还原场景中的建筑、道路、绿化等所有能拍摄到的物体,模型纹理真实性高,但是该数据不是单体化模型,交互查询困难。处理后的倾斜摄影数据一般是 OSGB 格式,可以直接在 Smart3D 软件中转换成 3D Tiles 格式,或通过 CesiumLab 软件处理生成 3D Tiles 数据,具体流程已在 §6.1.3 详细介绍。倾斜摄影数据的加载过程与加载精细三维模型一致,核心代码如下,效果如图 6.19 所示。

```
//加载倾斜摄影数据
var tileset = new Cesium.Cesium3DTileset({
  url: './modle /Tileset.json',  //相对路径
});
viewer.scene.primitives.add(tileset);  //添加到球体上
viewer.zoomTo(tileset);                //切换视域到数据位置
```

图 6.19 倾斜摄影三维场景

6.2.3 城市简易模型三维可视化

可采用带有高度的城市建筑矢量面数据,拉高到对应的高度生成简易三维模型。OpenStreetMap 具有开放的建筑面数据,可自行下载。矢量数据生成简易三维模型的方法已在 §6.1.3 详细介绍,建筑白模色彩单一,接下来将为白模穿上"外衣"增强其可视化效果和可交互性。

首先加载 3D Tiles 数据。Cesium3DTileStyle 函数支持 3D Tiles 使用自定义样式,设定 height 阈值并赋予对应颜色,3D Tiles 数据会根据建筑白模的高度属性设定相应的颜色,最终呈现色彩交替三维场景,示例代码如下,具体效果如图 6.20 所示。

```
var tileset = viewer.scene.primitives.add(new Cesium.Cesium3D Tileset({
    url: 'nb3d/tileset.json'
}));
viewer.scene.primitives.add(tileset);
tileset.style = new Cesium.Cesium3DTileStyle({
    color: {
        conditions: [          // 根据高度设定不同颜色
            ['$ {height} >= 200', 'rgb(45, 0, 75)'],
            ['$ {height} >= 150', 'rgb(102, 71, 151)'],
            ['$ {height} >= 100', 'rgb(170, 162, 204)'],
            ['$ {height} >= 80', 'rgb(224, 226, 238)'],
            ['$ {height} >= 60', 'rgb(252, 230, 200)'],
            ['$ {height} >= 20', 'rgb(248, 176, 87)'],
            ['$ {height} >= 10', 'rgb(198, 106, 11)'],
            ['true', 'rgb(127, 59, 8)']
        ]
    }
}));
```

图 6.20　建筑简易三维模型可视化

6.3　室内场景三维可视化

　　室内三维场景是最小单元三维场景,模型精细度最高,按照 CityGML 对地物模型精度划分,室内三维模型层级属于 LOD4,能够展示建筑物内部构造、设施、家具等详细内容。为了更好地展示建筑物室内构造,本书以中国矿业大学(北京)教学楼作为示例,将建筑模型分层拆分,查看各楼层构造时不需进入楼层内,以上帝视角浏览各楼层信息(图6.21)。同时设定键盘事件支持室内空间漫游,通过键盘控制第一视角移动,给人置身其中的效果。上述两种方法通过视域位置移动浏览室内三维场景,虽然室内范围小,但是空间信息丰富,在狭小的范围内视域移动幅度不易控制,本书设定定点环绕浏览的方法(已在§3.3讲述),固定视点位置,用鼠标控制方向实现360°旋转。视点选择比较关键,一般选择模型外包球体的中心,调用 viewer. camera. viewBoundingSphere 默认外包球体中心,效果如图6.22所示。

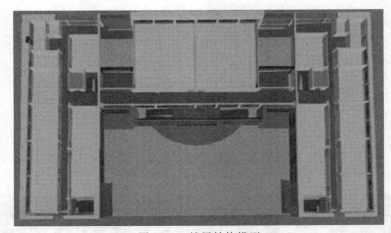

图6.21　楼层结构模型

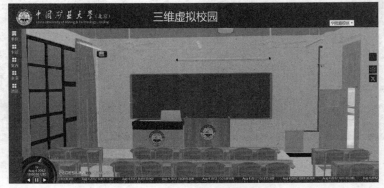

图6.22　建筑内部场景

教学楼内部设施较多,主要分为教学设施(桌椅、黑板、电脑、投影仪等)、消防设施(消火栓、灭火器、应急灯、报警器等)与其他配套设施(灯、空调等),如图6.23和图6.24所示。

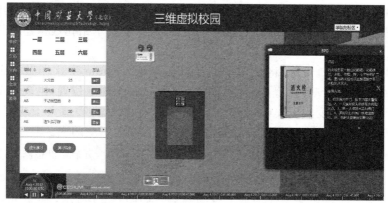

图 6.23　消防设施属性查询

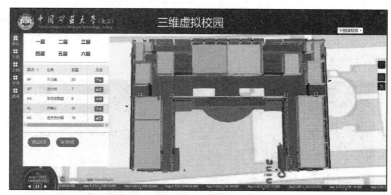

图 6.24　消防设施空间分布

6.4　地下场景三维可视化

　　本节将介绍地下三维场景可视化的技术方法和应用实例,为开发者提供开发思路。地下场景可视化与前文所述的大范围下的三维场景可视化和室内场景可视化不同。首先地下三维场景如地下商场、城市地铁,各类建筑设施主体都深埋地下,从地表上看不见,给可视化带来困难;其次地下建筑设施与地面建筑最大不同在于,地下建筑设施被包裹于地质体中,地质体、地下建筑设施一起组成地下三维场景。

　　针对以上两大难点,本书结合现有技术手段,介绍一套可行可用的地下三维场景可视化方法。整体思路如下:面对地下空间不可见的难题,本书采用地面裁剪的方式,可从地面上观察地下场景。由于 Cesium 内部是一个黑色空洞,可视化效果较差,为此设置地下空间容器,地下所有场景将在此容器里构建,增强其可视化效果。构建地质体属于地质学内容,专业性较强,由于地质体形状不规则,很难通过常规软件构建,必须结合地质建模软件才能构建符合地质学原理的真实地质体。本书根据地质学原理,尽可能降低建模难度,形成一套基于钻孔数据建模的地质体构建方法。

　　为建模地下建筑设施,将其高程设为负值,但在 Cesium 中这样做会出现一个问题,随着镜头的移动,模型会不断变化,而不是在一个固定位置,出现这个问题的原因在于未启用深度检测。Cesium 默认地面模式,默认高程值大于或等于零,只有开启深度检测才能实现模型位置固定,真正安置在地下空间中。

```
viewer.scene.globe.depthTestAgainstTerrain = true;          //开启深度检测
```

　　Cesium 地球内部是一个空洞黑暗的空间,可视化背景效果很差,针对这个问题,本文构建一个基坑模型作为地下空间容器。如图 6.25 所示,通过 3ds Max 软件构建一个没有盖的立方体,内外贴上带有岩层特征的纹理图,开发者可根据不同的土壤或岩石类型进一步改进模型,达到更好的显示效果,然后在此容器内进行地下三维场景可视化。根据所需地下场景的大小和位置可以控制容器的尺寸和位置,更好地匹配地下场景开发。

图 6.25　基坑模型

　　以上基础工作准备完毕,开发者所需的地下空间不再是空洞,具有较好的背景空间。接下来裁剪地形,使地下空间可见。创建地形裁剪的关键函数是ClippingPlaneCollection,它不仅可以裁剪地形,还可以裁剪 glTF 模型和 3D Tileset。这里只介绍其在地形裁剪中的方式。

　　裁剪地形需要先构建裁剪平面,示例代码如下,函数参数如表 6.2 所示。

```
new Cesium.ClippingPlane(normal, distance)
```

表 6.2　裁剪平面构建函数的参数说明

名称	描述
normal	平面的法线方向
distance	原点到平面的最短距离。距离符号决定了原点在平面的哪一侧,如果距离为正,则原点在法向的半空间中;如果距离为负,则原点在法向反方向的半空间中;如果距离为零,则平面通过原点

如图 6.26 所示,裁剪平面有一垂直平面的法线,法线方向所在空间直角坐标系正东方向为 X 方向,正北方为 Y 方向,正上方为 Z 方向。图中所示裁剪平面的法线方向为 X 轴负方向,用一组数($-1,0,0$)来表示,意味着法线方向为 X 轴负方向。裁剪掉的区域是在裁剪平面外部即法线相反方向,如果原点位置在裁剪平面外部 90 m,则该裁剪平面定义为:

```
new Cesium.ClippingPlane(new Cesium.Cartesian3(1, 0.5, 0.0), -90)
```

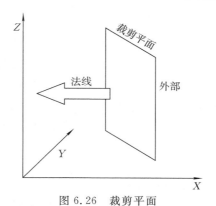

图 6.26 裁剪平面

通过一个平面进行地形裁剪,无法获取合适的范围,至少需要三个平面才能构成一个封闭的三角区域。本书以原点为中心,通过四个裁剪平面构建一个矩形地形裁剪区域(图 6.27),就需要构建裁剪面集合,示例代码如下:

```
new Cesium.ClippingPlaneCollection(options)
```

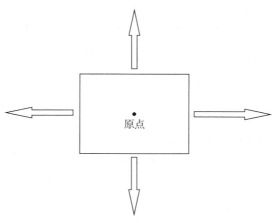

图 6.27 矩形裁剪区域

函数参数如表 6.3 所示,附有详细的参数说明。

表 6.3　裁剪面集合的函数参数说明

名称	默认值	描述
planes	[]	ClippingPlane 是裁剪平面数组
enabled	true	确定裁剪平面是否处于活动状态
modelMatrix	Matrix4. IDENTITY	4×4 变换矩阵,指定相对于剪裁平面原始坐标系的附加变换
unionClippingRegions	false	如果为 true,则位于任何平面外部的区域将被裁剪,即取并集。否则,位于所有平面的外部区域才会被剪裁,即取交集
edgeColor	Color. WHITE	用于突出显示裁剪对象的边缘的颜色
edgeWidth	0.0	剪裁对象边缘的高光宽度(以像素为单位)

矩形地面裁剪就是将四个竖直平面所围成矩形裁剪掉,在裁剪平面集合设置中,planes 是构建的裁剪平面,此处有四个平面。unionClippingRegions 默认值为 false,即对裁剪区域取交集作为最终裁剪区域;若设为 true,则矩形外的所有区域被裁剪,只留下矩形面。裁剪代码如下所示:

```
var globe = viewer. scene. globe;
    globe. depthTestAgainstTerrain = true;
    var position = Cesium. Cartographic. toCartesian (new Cesium. Cartographic. fromDegrees
(116.33923,39.99500, 0));
    globe. clippingPlanes = new Cesium. ClippingPlaneCollection({
    modelMatrix: Cesium. Transforms. eastNorthUpToFixedFrame(position),
    planes: [
            new Cesium. Plane(new Cesium. Cartesian3(1, 0.0, 0.0), -400.0),
            new Cesium. Plane(new Cesium. Cartesian3(-1.0, 0.0, 0.0), -400.0),
            new Cesium. Plane(new Cesium. Cartesian3(0.0, 1.0, 0.0), -400.0),
            new Cesium. Plane(new Cesium. Cartesian3(0.0, -1.0, 0.0), -400.0)
        ],
    edgeWidth: 1.0,
    edgeColor: Cesium. Color. BLACK
});
```

地面裁剪效果如图 6.28 所示。

接下来实现钻孔数据和地层数据可视化,钻孔数据主要包含钻孔编号、钻孔坐标、地层分类及其高度信息。本书将钻孔数据以 JSON 数据格式存储,具体格式如表 6.4 所示。

表 6.4　钻孔数据格式说明

Well 钻井编码	Marker 地层	From 地层起始高度/m	To 地层终止高度/m	Lon 经度/(°)	Lat 纬度/(°)
SAL_24	Mafic_Flow	−101.33	−131.95	116.337	39.996 6

图 6.28　地面的裁剪效果

　　本文以圆柱体形式绘制钻孔模型,需要注意圆柱的位置点是圆柱中心的位置。加载钻孔模型的示例代码如下:

```
Var holedepth = − 101.33 + ( − 131.95 + 101.33)/2
let hole = viewer.entities.add({
    id: "SAL_24",
    position: Cesium.Cartesian3.fromDegrees(116.337、39.9966,holedepth),
    cylinder: {
      length:length,
      topRadius:5,
      bottomRadius:5,
      material:material
    }
})
```

　　钻孔模型绘制效果如图 6.29 所示。

　　钻孔数据是地质建模的基础数据,然后通过专业地质建模软件 GOCAD 完成地质建模,具体建模过程参见 GOCAD 软件说明,增加地质体后效果如图 6.30所示。

图 6.29　钻孔模型绘制效果

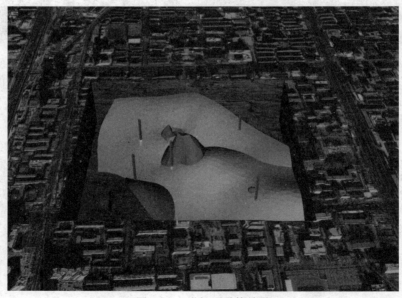

图 6.30　增加地质体效果

　　以上内容是搭建一个真实的、具有良好可视效果的地下空间。在此基础上本书以地下管网可视化为例,构建真实地理环境中地下管网三维场景。地下管网按管状规则形状绘制,通过 polylineVolume 方式实现地下管网绘制,管的直径宽度需要用函数设置,示例代码如下:

```
//设置管网直径
function computeCircle(radius) {
  var positions = [];
  for (var i = 0; i < 360; i++) {
    var radians = Cesium.Math.toRadians(i);
    positions.push(new Cesium.Cartesian2(radius * Math.cos(radians), radius * Math.sin(radians)));
  }
  return positions;
}
```

绘制管网的示例代码如下：

```
var greenBox = viewer.entities.add({
    name: '燃气管网',
    polylineVolume: {
        positions: Cesium.Cartesian3.fromDegreesArrayHeights(data),
        shape: computeCircle(1),   //设置管网直径为 1 m
        material: Cesium.Color.GREEN,
    }
});
```

地下管网三维场景效果如图 6.31 所示。

图 6.31　地下管网三维场景

7 动态数据三维可视化

时空数据可视化中,除了第 6 章所介绍的静态场景数据,还有相当大部分动态变化的空间数据,如出租车轨迹数据、航空器轨迹数据等。轨迹数据时序动态可视化对于研究出租车、航空器等交通工具的运动和交通态势具有重要的意义。Cesium 具有强大的时序动态可视化功能,定义了 CZML 数据格式。这是一种 JSON 数据格式,不仅方便前后端数据交互,而且具有时间属性,适用于动态数据的三维可视化。本章将详细介绍通过 CZML 进行时空轨迹数据可视化的具体方法和案例。

7.1　Cesium 时间系统

Cesium 时间系统在动态数据可视化中发挥着重要的作用,在三维场景的基础上增加时间维信息,生成"四维"场景。三维 GIS 不再仅仅呈现某个时刻的静态场景,还能深入展示一段时间内三维场景的动态变化。例如,可以研究洪水随着时间变化造成的淹没区范围,刻画城市中出租车的运动轨迹特征,也可构建地表开采沉陷模型,呈现地表的变形规律。而且在时间系统支持下,可以减少很多监听判断事件,节省内存资源,提高三维场景的流畅性。

Cesium 中的 Clock 控件包含两部分:Animation 控件和 Timeline 控件。Animation 控制时间的启动和暂停,Timeline 控制时间线,两个控件绑定在一起,同时出现或隐藏,如图 7.1 所示。

图 7.1　Cesium 的 Clock 控件

在 Cesium 的 Viewer 中默认开启了这两个控件,如果想不显示两个控件,可以在 Viewer 初始化中设置其属性为 false,代码如下:

```
var viewer = new Cesium.Viewer('cesiumContainer', {
    animation:false,
    timeline:false
});
```

114

　　Clolck 以儒略日＊记录时间，我国采用北京时间，而 Cesium 显示协调世界时，则存在时间差问题，北京时间与协调世界时相差 8 个小时。例如，在 Clock 设置时间为 12 点，那么控件显示的时间将为 4 点，所以在设置时间时需加 8 个小时才会显示为北京时间。Clock 中默认开始时间（startTime）为当前时间，终止时间（stopTime）为 24 小时后，并能获取当前时间（currentTime）。下边示例代码展示如何调用 clock 并设置时间范围：

```
var start = Cesium.JulianDate.fromIso8601('2015 - 07 - 30');    //设定起始时间
var end = Cesium.JulianDate.fromIso8601('2016 - 07 - 31');     // 设定终止时间
viewer.timeline.zoomTo(start, end);
var clock = viewer.clock;          //定义 clock 事件
clock.startTime = start;           //设定 clock 的起始时间
clock.endTime = end;              //设定 clock 的终止时间
clock.currentTime = start;          //设定 clock 的当前时间
clock.clockRange = Cesium.ClockRange.LOOP_STOP;   //设定 clock 范围为不断循环
clock.multiplier = 10;          //设定时间速率
```

　　其中 start 和 end 分别代表起始和结束时间，multiplier 表示时间轴进行速度，此值表示真实世界时间进度与 Cesium 中时间的比值关系，值越大时钟走得越快。若设置为 86400，表示真实世界经过 1 秒，而在 Cesium 中时钟经过 1 天。clockRange 属性表示时间轴达到终点之后的行为，用户可以根据自己的需要来设置，默认为 UNBOUNDED 值，各种模式如下：

　　　·CLAMPED：达到终止时间后停止。

　　　·LOOP_STOP：达到终止时间后重新循环。

　　　·UNBOUNDED：达到终止时间后继续读秒。

　　以上内容主要介绍 Clock 的基本参数，其应用将在下文介绍。

7.2　动态数据格式：CZML

7.2.1　CZML 定义

　　CZML 是 Cesium 团队制定的一种用来描述动态场景的 JSON 架构语言，可以用来描述点、线、多边形、体、模型及其他图元，同时定义它们是怎样随时间变化的。CZML 采用数据驱动的方式完成场景加载渲染，开发者在 CZML 中定义场景数据类型、交互信息、时间节点等内容，不需要额外的代码便可构建出丰富的场景。

　　＊ 儒略日（Julian day）是指由公元前 4713 年 1 月 1 日，协调世界时中午 12 时开始所经过的天数，为简化起见，通常表示为当前年份和当天位于这一年的第几天的组合数。例如，2006 年 1 月 1 日表示为 2006001。

Cesium 与 CZML 的关系就如同 Google Earth 和 KML 的关系。CZML 和 KML 都是用来描述场景的数据格式,KML 是由 XML 语言定义的,而 CZML 是特定格式的 JSON。开发者可以通过其他语言生成 CZML 文件,然后由 Cesium 调用,也可以前端接收到数据后,直接生成 CZML 对象并调用。本节内容不再单独介绍如何生成 CZML,§7.3 可视化实例中会说明其生成方法。CZML 拥有很多的特性:

(1)CZML 是基于 JSON 定义的语言。

(2)CZML 大多数属性都可随时间变化。假如有一辆车,分别定义了两个不同时间的位置,通过 CZML 定义的差值算法,客户端可以准确地显示车在两个时间点内运动的过程。

(3)CZML 的结构可向客户端高效增量流式传输。在显示场景之前,不需要在客户端上加载整个场景数据,可随时间变化增量传输到场景中。

(4)CZML 是高度优化的语言,旨在解析时更紧凑,人工读写更容易。

(5)CZML 是一个开放的格式,支持在其基础上进一步扩展功能和特性。

7.2.2　CZML 数据结构

CZML 是 JSON 的一个子集,也就是说一个有效的 CZML 文档同时也是一个有效的 JSON 文档。CZML 文档包含一个 JSON 数组,数组中每个对象都是一个 CZML 数据包(packet),其中第一个 packet 是 CZML 的固定格式,只有设定这个固定的 packet,Cesium 才会识别这是 CZML,否则当作普通数组处理。具体代码如下所示:

```
{
    "id": "document",       //固定值
    "name": "CZML Path",    //可自定义设置值
    "version": "1.0",       //CZML 版本,CZML 目前只有 1.0 版本,固定值
    "clock": {              //设置 CZML 的时间信息,可选项
        "interval": "2012－08－04T10:00:00Z/2012－08－04T15:00:00Z",
        "currentTime": "2012－08－04T10:00:00Z",
        "multiplier": 10
    }
}
```

完整的 CZML 至少包含两个 packet,第一个用于标识 CZML,第二个 packet 对应一个场景中的对象,例如一架飞机*。

---

*　在下面的例子中我们使用 JavaScript 方式的注释来帮助理解 CZML,但在真实场景中是不允许的。

```
var czml = [{ // packet one
    "id": "document",
    "name": "One Point",
    "version": "1.0",
    "clock": {
        "interval": "2012 - 08 - 04T10:00:00Z/2012 - 08 - 04T15:00:00Z",
        "currentTime": "2012 - 08 - 04T10:00:00Z",
        "multiplier": 10
    }
},
{ // packet two
    "id": "GroundControlStation"
    "position": {"cartographicDegrees": [ - 75.5, 40.0, 0.0]},
    "point": {
        "color": {"rgba": [0, 0, 255, 255]},
    }
}
]
```

每个 packet 都有一个 id 属性,标示当前描述的对象。id 在同一个 CZML 中及与它载入同一个范围(scope)内的其他 CZML 文件中必须是唯一的。假如没有指定 id,那么客户端将随机自动生成唯一的 id。但是这样在随后的包中就无法引用它了,例如无法再往该对象中添加数据。

除了 id,一个包通常还包含 0 到多个(正常情况下是 1 到多个)定义对象图形特征的属性。正如上面的例子,定义了一个"GroundControlStation"对象,它拥有一个固定坐标为(-75.0,40.0)的 WGS-84 坐标,高度为 0,随后蓝色的点将会绘制在其坐标位置处。

CZML 还有很多标准的属性,包括用来添加点、布告板、模型、线及其他图形到场景的属性。所有这些属性将在 CZML 内容一节讨论。在这里主要讨论这些数据是怎样组织的,例如,怎样定义一个属性,使它在两个不同的时间拥有两个不同的值。

7.2.3 CZML 内容

CZML 能表示的内容类型非常丰富,既包括基础图形绘制,也支持三维模型、墙、路径、标签、公告板等对象,而且为每个对象设置了丰富的属性,具体内容见表 7.1。

表 7.1   CZML 对象属性

属性名称	重要子属性	图示
point	show, color, pixeSize, outlineColor, outlineWidth, scaleByDistance, and translucencyByDistance	
polyline	show, position, material, width, granularity, and follow-Surface	
rectangle	show, coordinates, material, height, extrudedHeight, granularity, rotation, stRotation, fill, outline, outlineColor, outlineWidth, closeBottom, and closeTop	
polygon	show, position, height, extrudedHeight, material, outline, outlineColor, outlineWidth, granularity, fill, perPositionHeight, and stRotation	
ellipse	show, semiMajorAxis, semiMoinorAxis, rotation, material, height, extrudedHeight, granularity, stRotation, fill, numberOfVerticalLines, outline, ouelineColor, and outlineWidth	
box	show, dimensions, fill, material, outline, outlineColor, and outlineWidth	
corridor	show, positions, width, height, cornerType, extrudedHeight, fill, material, outline, granularity, outlineColor, and outlineWidth	
cylinder	show, length, topRadius, bottomRadius, fill, material, numberOfVerticalLines, slices, outlines, outlineColor, and outlineWidth	
polylineVolume	show, position, shape, cornerType, fill, material, outline, granularity, outlineColor, and outlineWidth	

属性名称	重要子属性	图示
ellipsoid	show, radii, fill, material, outline, outlineColor, outlineWidth, stackPartitions, slicePartitions, and subdivisions	
wall	show, positions, material, minimumHeights, maximumHeights, granularity, fill, outline, outlineColor, and outlineWidth	
model	show, gltf, scale, runAnimations, incrementallyLoadTextures, minimumPixelSize, maximumScale, and nodeTransformations	
path	show, material, width, resolution, leadTime, and trailTime	
label	show, textm style, font, scale, fillColor, outlineColor, outlineWidth, eyeOffset, translucencyByDistance, pixelOffset, horizontalOrigin, verticalOrigion, and pixelOffsetScaleByDistance	
billboard	show, image, color, eyeOffset, horizontalOrigion, verticalOrigin, pixelOffset, scale, rotation, width, height, scaleByDistance, imageSubRegion, sizeInMeters, and alignedAxis	

7.2.4　CZML 描述动态场景

　　CZML 具有两种动态可视化机制:按时间间隔和按时间戳描述动态场景变化。按时间间隔描述动态变化是指 CZML 属性值在一段时间内是一个固定值,而在另一段时间是另一个固定值;按时间戳描述动态变化是指每个时间节点对应一个值,通过内插算法可推算两个时间节点之间的属性值。下面分别对两种情况进行介绍。

1. 按时间间隔描述变化

　　通常情况下 CZML 的属性值是一个数组,数组中的每个元素对应一个不同的时间和属性值。对于时间间隔,使用 interval 属性,通过 ISO 8601 interval 格式的字面值表示,这种表示方法的好处是不需要进行时差计算,不需要换算到协调世界时。

```
{
    "id":"myObject",
    "someProperty":[
        {
            "interval":"2012 - 04 - 30T12:00:00Z/13:00:00Z",
            "number":5
        },
        {
            "interval":"2012 - 04 - 30T13:00:00Z/14:00:00Z",
            "number":6
        }
    ]
}
```

这里定义了一个 someProperty 属性,它包含两个时间间隔:第一个是从 12 点到 13 点,属性值为 5;第二个是从 13 点到 14 点,属性值为 6。在时间由第一个间隔变化到第二个间隔的时候,属性值会瞬间从 5 变到 6。

2. 按时间戳描述变化

上文按时间间隔可描述属性的离散动态变化,但不具有连续变化效果,而按照时间戳采样差值可生成光滑连续的动态变化效果。CZML(1.0 版)只有数值型属性才可按时间戳描述动态变化,如 position、color、scale 等。CZML 提供如表 7.2 中的 5 个属性来设定动态变化效果。

表 7.2　CZML 插值属性

名称	JSON 类型	说明
epoch	string	使用 ISO 8601 规范来表示日期和时间
nextTime	string 或 number	在时间间隔内下一个采样的时间,可以通过 ISO 8061 方式,也可以通过历元秒数来定义,它决定了不同 packet 之间的采样是否有停顿
previousTime	string 或 number	在时间间隔内前一个采样的时间,可以通过 ISO 8061 方式,也可以通过历元秒数来定义,它决定了不同 packet 之间的采样是否有停顿
InterpolationAlgorithm	string	用于插值的算法,有 LAGTANGE, HERMITE 和 GEODESIC 方法等,默认是 LAGRANGE。如果位置不在该采样区间,那么这个属性值会被忽略

名称	JSON 类型	说明
interpolationDegree	number	定义了用来插值所使用的多项式次数,1 表示线性差值,2 表示二次插值法,默认为 1。如果使用 GEODESIC 插值算法,那么这个属性将被忽略

下述示例代码表示从 12 点开始的 2 分钟内坐标变化的情况,采用拉格朗日 5 次多项式插值方法,形成光滑连续的变化过程。nextTime 和 previousTime 通常与分包(packet)结合在一起,将在下文介绍。

```
{
  "someInterpolatableProperty":{
  "epoch":"2012 - 04 - 30T12:00Z",
  "cartesian":[0.0,1.0,2.0,3.0,
  60.0,4.0,5.0,6.0,
  120.0,7.0,8.0,9.0
  ],
  "interpolationAlgorithm":"LAGRANGE",
  "interpolationDegree":5
  },
}
```

7.2.5　CZML 流式加载

如果将整个 CZML 文件放在一个大 JSON 数组中,会使增量加载变得很困难。虽然浏览器允许访问没有读取完的流数据,但是解析不完整的数据需要漫长而烦琐的字符串操作。为了使过程更高效,CZML 使用浏览器的 server-sent events(EventSource)API 来处理流数据。在实际操作中,每个 CZML packet 会被作为单独的一个事件传输到客户端,如下所示:

```
event: czml
data: {
    // packet one
}
event: czml
data: {
    // packet two
}
```

当浏览器接收到一个 packet 后就会发出一个事件,事件中会包含刚刚接收到的数据。此时可以通过增量方式高效地处理 CZML 数据。目前为止,我们都是使用 packet 来描述对象,packet 包含了所有这个对象的图形属性。除此之外,还可以使用其他的方式,例如一个 CZML 文件或流可以包含多个 packet,每个 packet 都有相同的 id,分别描述同一个对象的不同方面的属性。

事实上在大多数情况下使用两个 packet 来描述一个对象。当对象属性跨越多个时间间隔,或者一个时间间隔有很多个时间戳采样时,这样做就很有用。通过将一个属性定义打包进多个 packet 中,可以使数据更快地传输到 Cesium 中,减少用户等待的时间。

分包过程中,如果 CZML 属性按照时间间隔变化,那么同一个 packet 或多个 packet 之间,虽然不要求属性值必须按时间递增描述,为了清晰易读还是尽量按照时间顺序描述。分包时如果 CZML 按时间戳内插属性值,同一个 packet 必须按照时间递增顺序描述属性值,多个 packet 不要求必须按时间递增记录,倘若多个 packet 没有按时间递增记录属性,应指定 priviousTime 或 nextTime 属性,以免造成内插错误。下面代码中 packet1 和 packet2 不连续,通过设定 priviousTime 和 nextTime,packet1 执行完后直接执行 packet3,再执行 packet2。

```
{//packet 1
    "id":"myObject1",
    "someInterpolatableProperty":{
        "epoch":"2012-04-30T12:00:00Z",
        "cartesian":[
            0.0,1.0,2.0,3.0,
            1.0,4.0,5.0,6.0,
            2.0,7.0,8.0,9.0,
            3.0,10.1,11.0,12.0],
            "previousTime":-1.0,
            "nextTime":4.0
    }
},
{//packet 2
    "id":"myObject1",
    "someInterpolatableProperty":{
        "cartesian":[
            8.0,25.0,26.0,27.0,
            9.0,28.0,29.0,30.0,
            10.0,31.0,32.0,33.0],
        "previousTime":7.0,
        "nextTime":11.0
    }
},
```

```
{//packet 3
    "id":"myObject1",
    "someInterpolatableProperty":{
        "cartesian":[
            4.0,13.0,14.0,15.0
            5.0,16.0,17.0,18.0,
            6.0,19.0,20.0,21.0,
            7.0,22.0,23.0,24.,],
        "previousTime":14.0,
        "nextTime":8.0
    }
},
```

　　实际开发过程中时间间隔和时间戳可以混合使用,如不同时间间隔内可设定时间戳进行属性值内插。CZML 的 packet 还有一个特别的额外属性 availability,它表示 packet 在什么时间段内是可用的,在此时间段则调用对应时间段的数据,否则数据不显示。同一对象若有不同 packet,默认最后一个 packet 的 availability 属性发挥作用。

```
{
    "id": "dynamicPolygon",
    "availability":"2012 - 08 - 04T16:00:00Z/2012 - 08 - 04T16:20:00Z",
    "polygon": {
        "positions": [{
            "interval": "2012 - 08 - 04T16:00:00Z/2012 - 08 - 04T16:20:00Z",
            "cartographicDegrees": [
                - 60, 35, 0,
                - 65, 35, 0,
                - 70, 40, 0,
                - 62, 45, 0
            ]
        }, {
            "interval": "2012 - 08 - 04T16:20:00Z/2012 - 08 - 04T16:40:00Z",
            "cartographicDegrees": [
                - 61, 35, 0,
                - 64, 35, 0,
                - 70, 41, 0,
                - 62, 42, 0
            ]
        }],
    }
}
```

```
},{
  "id":"dynamicPolygon1",
  "availability":"2012-08-04T16:40:00Z/2012-08-04T17:00:00Z",
  "polygon": {
     "positions": {
        "interval":"2012-08-04T16:40:00Z/2012-08-04T17:00:00Z",
        "cartographicDegrees": [
           -63, 35, 30000,
           -65, 34, 5000000,
           -71, 40, 20000,
           -60, 45, 200000
        ]
     },
     "material": {
        "solidColor": {
           "color": {
              "rgba": [255, 0, 0, 255]
           }
        }
     }
  }
},
```

以上代码中定义了两个对象:dynamicPolygon 和 dynamicPolygon1。运行代码可发现 dynamicPolygon 只在 16:00—16:20 显示,dynamicPolygon1 在 16:40—17:00 显示,因为 dynamicPolygon 的 Availability 属性设定为"2012-08-04T16:00:00Z/2012-08-04T16:20:00Z",那么其在 16:40 后属性值不会再出现。倘若将变量 dynamicPolygon1 也改为 dynamicPolygon,相当于 dynamicPolygon 对象有两个 packet,则默认后一个 packet 的 availability 属性生效,那么只有在 16:40 之后显示红色多边形。

7.3 轨迹数据可视化

7.3.1 轨迹数据处理

轨迹数据种类多样,从人的轨迹数据到车辆轨迹、航空器轨迹、卫星运行轨迹等。轨迹数据一般由一系列具有时间序列的动态轨迹点组成,轨迹数据动态可视化的核心要素包括轨迹 ID、轨迹点坐标(经纬度、高程)点采集时间及对应轨迹的相关属性。这里选取某日某航班的 ADS-B(automatic dependent surveillancebroadcast)数据作为样例数据展示。

选取 ADS-B 轨迹数据可视化的核心要素,如表 7.3 所示。航班编号用于识别轨迹,坐标点位数据和时刻信息是轨迹动态可视化的关键信息,此外添加飞机姿态信息用于查询飞机当前姿态的正常性。特别说明,表中时间列以起始时刻为基准,将采集时刻转换为与基准时刻的时间间隔,以秒(s)为单位。

表 7.3 航空器 ADS-B 数据

航班编号	坐标点位			时刻	时间/m	属性	
	经度/(°)	纬度/(°)	海拔/m			速度/(ms⁻¹)	航向/(°)
7808F0	117.126 976	37.240 07	5 798	2016/3/2 9:01:00	0	390	202.5
7808F0	117.116 829	37.236 008	5 943	2016/3/2 9:01:02	2	429	202.5
7808F0	117.112 709	37.234 344	5 943	2016/3/2 9:01:04	4	370	202.5
7808F0	117.109 291	37.232 986	5 943	2016/3/2 9:01:06	6	370	202.5
7808F0	117.100 41	37.229 462	5 958	2016/3/2 9:01:08	8	351	202.5
7808F0	117.094 971	37.227 268	5 943	2016/3/2 9:01:10	10	370	202.5
7808F0	117.086 037	37.223 694	5 966	2016/3/2 9:01:12	12	0	202.5
7808F0	117.081 474	37.221 863	5 974	2016/3/2 9:01:14	14	312	202.5
7808F0	117.078 43	37.220 703	5 943	2016/3/2 9:01:16	16	273	202.5
7808F0	117.062 195	37.214 184	5 981	2016/3/2 9:01:18	18	253	202.5
7808F0	117.062 073	37.214 172	5 974	2016/3/2 9:01:20	20	312	202.5
7808F0	117.053 474	37.210 693	5 943	2016/3/2 9:01:22	22	273	202.5
7808F0	117.048 34	37.208 691	5 981	2016/3/2 9:01:24	24	253	202.5

7.3.2 轨迹数据可视化方法

轨迹数据可视化原理则是将时刻与坐标点相对应,按照时间顺序通过某种插值方法将轨迹点连成一条光滑的轨迹曲线。为了更加逼真显示轨迹动态效果,通常每条轨迹会有一个实物模型,如车辆、飞机或人物用于真实刻画不同情景下的轨迹特点。本小节将以一条轨迹为例详细介绍轨迹可视化方法。

轨迹动态可视化核心要素是时间和对应坐标点,展示地理时空动态变化特征是 Cesium 的一大特色,Cesium 默认添加时间控件 Animation 和 Timeline,其详细含义已在上一节中介绍。

轨迹可视化方法多样,但是大致原理相同。CZML 是 Cesium 独有的用于描述动态场景的 JSON 语言,而且 CZML 扩展了 clock 函数,可在其中设置 clock 相关属性,具体内容已在 §5.1 详细介绍。本节直接使用 CZML 构建动态轨迹场景。如果动态轨迹点是以实物模型的样式展示,如飞机模型,则飞机机头方向随着轨迹走势一直变化,Cesium 有专门的转向函数 orientation。示例代码如下:

```
//创建 CZML 对象
var czml = [{                          // 创建第一个 package
    "id" : "document",                 // 固定格式
    "version" : "1.0",                 // 固定版本 1.0
    "clock": {                         // clock 必须在 package1 中设置
        "interval": "2019 - 08 - 04T16:00:00Z/2019 - 08 - 04T16:30:00Z",   // 时间间隔
        "currentTime": "2012 - 08 - 04T16:00:00Z",          // 设定当前时间节点
        "multiplier": 10      // 设定时间速率为 10
    }
},{                                    //创建第二个 package
    "id":"7808F0",              //轨迹 id
    "availability":"2019 - 08 - 04T16:00:00Z/2019 - 08 - 04T16:30:00Z",   //轨迹可视的时间间隔
    "position":{
        "epoch":"2019 - 08 - 04T16:00:00 + 00:00",       //轨迹显示初始时刻点
        "cartographicDegrees":[        //参数分别对应:时刻/秒、经度、纬度、高程
        0, 114.835342, 34.490276, 10081,
        4, 114.836441, 34.501282, 10088,
        12, 114.837006, 34.506821, 10088,
        14, 114.838486, 34.522442, 10081,
        18, 114.83947, 34.532593, 10081,
        33, 114.841576, 34.554005, 10081,
        36, 114.842316, 34.561501, 10081,
        40, 114.843674, 34.575806, 10073
        ]
    },
    "model":{"gltf":"Cesium_Air.glb","scale":1,"minimumPixelSize":40 }, // 可视化模型
    "orientation": {  //设置模型转向方法,根据 position 进行四元数方向转换
```

```
        "velocityReference": "#position"
    }
}];
// 通过 CzmlDataSource 添加 CZML 对象
viewer.dataSources.add(Cesium.CzmlDataSource.load(czml))
```

7.3.3 轨迹数据可视化案例

上文分别对轨迹数据处理和轨迹可视化方法给出可行方法,本小节将以 ADS-B 航迹动态数据可视化为例,介绍大规模轨迹数据可视化实现方法。数据源为 CSV 格式的文本文件,如图 7.2 所示。

CCA1822	0	117.3502	32.00783	7193	0	357.8024	9:00:01
CCA1951	0	121.2164	30.37524	8869	19	23.58703	9:00:01
CES2811	0	118.5668	32.88022	6088	390	343.3174	9:00:01
CCA1820	2	118.853	31.73527		0	239.0625	9:00:03
CSN6952	2	119.9397	30.72862	6004	0	323.9017	9:00:03
DKH1021	2	118.4557	31.90979	10393	0	245.6323	9:00:03
CES5395	4	119.6242	32.20959	7802	0	252.3027	9:00:05
DKH1021	6	118.4365	31.90233	10393	0	245.4926	9:00:07
CES2811	8	118.5589	32.90245	6187	390	343.3174	9:00:09
CES5395	8	119.6177	32.20779	7802	0	252.3027	9:00:09
CSN6952	8	119.9171	30.75577	6004	0	323.9017	9:00:09
DKH1021	8	118.4319	31.90053	10393	0	245.4926	9:00:09
CXA8115	10	117.1666	34.38162	9776	0	0	9:00:11
CCA1820	12	118.8526	31.73503	0	0	239.0625	9:00:13
CES5395	12	119.6127	32.20647	7802	0	252.3027	9:00:13
CSN6952	12	119.9159	30.75716	6004	0	323.9017	9:00:13
CSN6952	14	119.9125	30.76158	6004	0	323.9017	9:00:15
CCA1820	16	118.8518	31.7346		0	239.0625	9:00:17
DKH1021	16	118.4203	31.89601	10393	0	245.4926	9:00:17
CES2811	18	118.5528	32.91942	6256	331	343.2513	9:00:19
CES5395	18	119.5955	32.2018	7802	0	252.3027	9:00:19
DKH1021	20	118.4085	31.89143	10393	0	245.4926	9:00:21
FZA6515	20	117.2826	32.19154	9784	0	357.736	9:00:21
CSN6952	22	119.9012	30.77422	6004	0	323.677	9:00:23
DKH1021	22	118.4065	31.89066	10393	0	245.6323	9:00:23
DKH1021	24	118.4004	31.88833	10393	0	245.6323	9:00:25

图 7.2 动态轨迹数据的 CSV 文件

前端通过 JQuery 库直接调用 CSV 文件,开发者同样可以通过 Ajax 进行前后端交互,从数据库中读取数据,然后在前端实现可视化。本书不再对调用数据库展开介绍,源代码中将给出前后端通信和数据调用程序。JQuery 读取的 CSV 数据通常是字符串形式,需要按行进行数据拆分,每行内部按逗号进行行内拆分。需要注意的是,在调用经纬度数据时需将字符串转为浮点类型方能使用。接下来则是拼接形成 CZML 对象,按轨迹数生成相应的 package,每个 package 内部加载相应的轨迹点时刻和坐标数据。示例代码如下所示：

```
$.get('flightData.csv',function(data) {   // jquery 读取 csv 数据
    var flightData = data.split("\r\n");   //按行进行数据拆分
    var hash = [];
    for (var i = 0; i < flightData.length; i ++ ){   //航班编号去重,存放数组中
        var str2obj = flightData[i].split(',')
        if(hash.indexOf(str2obj[0]) == -1){
            hash.push(str2obj[0])
        }
    }
    var czml0 = {   //  CZML 固定的 package1
        "id": "document",
        "version": "1.0",
        "clock": {
            "interval": "2019-08-04T16:00:00Z/2019-08-04T16:30:00Z",
            "currentTime": "2012-08-04T16:00:00Z",
            "multiplier": 10
        }
    };
    var czml = [czml0];   //定义 CZML,并添加 package1
    var list2 = [];
    for (var i = 0; i < hash.length; i ++ ){   // 按照航班编号提取飞机轨迹,生成
package 添加到 CZML 中
        for (var j = 0; j < flightData.length; j ++ ){
            var str2obj = flightData[j].split(',')
            if(hash[i] == str2obj[0]&&hash[i]! = ''){   //航班编号匹配,相同编号的
表示同一条轨迹,提取时刻和坐标数据
                list2.push(parseFloat(str2obj[1]));   //时间
                list2.push(parseFloat(str2obj[2]));   //经度
                list2.push(parseFloat(str2obj[3]));   //纬度
                list2.push(parseFloat(str2obj[4]));   //高程
            }
        }
        var czml1 = {
            "id":hash[i],   //轨迹 id 信息
            "availability":"2019-08-04T16:00:00Z/2019-08-04T16:30:00Z",   //轨
迹可见性,默认相同
            "position":{
                "epoch":"2019-08-04T16:00:00+00:00",   //轨迹显示初始时间节点
                "cartographicDegrees":list2   //轨迹时间坐标数据
```

```
        },
        "model":{
          "gltf":"Cesium_Air.glb",  // 模型的存储路径
          "minimumPixelSize":40      // 模型最小显示像素,可根据情况设定
        },
        "orientation":{        // 根据 position 分别计算不同时刻飞机飞行方向
          "velocityReference": "＃position"
        },
      };
      czml.push(czml1);          // 将 package 添加到 CZML 中
      list2 = [];
    }
  viewer.dataSources.add(Cesium.CzmlDataSource.load(czml))
})
```

　　大规模轨迹数据动态展示关键方法在于按轨迹生成不同 package,然后添加到 CZML,确保单条轨迹数据的完整性。此外为增强可视化效果,绘制了多条航线下航班动态运行轨迹,最终展示效果如图 7.3 所示。

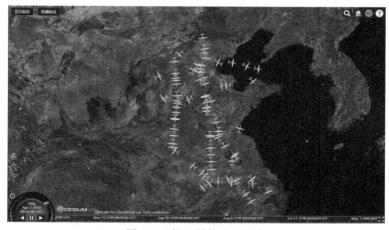

图 7.3　航空器轨迹可视化

8 三维空间分析

三维空间分析是在三维场景可视化基础上,对三维场景中对象进行空间量测、可视域分析、光照分析等操作。Cesium 对空间分析功能支持较弱。本章借助测绘学方法及 Cesium 基础功能介绍实现空间量测、淹没分析与可视域分析的方法,为开发者实现更复杂的三维空间分析功能打下基础。

8.1 空间量测

空间量测功能是在三维空间中量测距离、角度、面积、方向等内容。目前的实现方法主要是在屏幕中拾取对应点位置,然后将屏幕坐标转换为地理坐标,再根据地球椭球参数,进行几何解算,获取地理空间距离、空间面积等。

两点间距离量测的示例代码如下,效果如图 8.1 所示。

```
function point1, point2){
    //获取两个点的经纬度坐标和高程
    var point1 = Cesium.Cartographic.fromDegrees(point1.lon,point1.lat,point1.hei);
    var point2 = Cesium.Cartographic.fromDegrees(point2.lon,point2.lat,point2.hei);
    // 根据经纬度计算距离
    var geodesic = new Cesium.EllipsoidGeodesic();
    geodesic.setEndPoints(point1, point2);
    var s = geodesic.surfaceDistance;
    //返回两点之间的距离
    s = Math.sqrt(Math.pow(s, 2) + Math.pow(point2.height - point1.height, 2));
    return s;
}
```

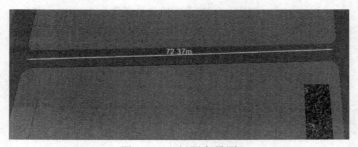

图 8.1 空间距离量测

多边形面积量测的示例代码如下,效果如图 8.2 所示。

```
var earthRadiusMeters = 6371000.0;// 地球半径近似值
var radiansPerDegree = Math.PI / 180.0;
var degreesPerRadian = 180.0 / Math.PI;
function SphericalPolygonAreaMeters(points) {
    var res = 0;
    //拆分三角曲面
    for (var i = 0; i < points.length - 2; i++) {
        var j = (i + 1) % points.length;
        var k = (i + 2) % points.length;
        var totalAngle = Angle(points[i], points[j], points[k]);
        var dis_temp1 = getFlatternDistance(points[i], points[j]);
        var dis_temp2 = getFlatternDistance(points[j], points[k]);
        res += dis_temp1 * dis_temp2 * Math.abs(Math.sin(totalAngle));
    }
    return res.toFixed(2);
}
```

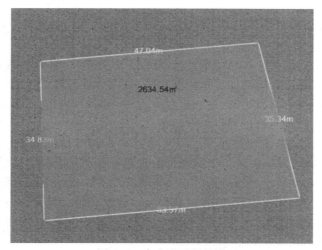

图 8.2　多边形面积量测

角度量测的示例代码如下:

```
function Angle(p1, p2, p3) {
    var bearing21 = Bearing(p2, p1);
    var bearing23 = Bearing(p2, p3);
    var angle = bearing21 - bearing23;
    if (angle < 0) {
        angle += 360;
```

```
    }
    return angle;
}
```

方向量测的示例代码如下：

```
function Bearing(from, to) {
    var lat1 = from.lat * radiansPerDegree;
    var lon1 = from.lon * radiansPerDegree;
    var lat2 = to.lat * radiansPerDegree;
    var lon2 = to.lon * radiansPerDegree;
    var angle = - Math.atan2(Math.sin(lon1 - lon2) * Math.cos(lat2), Math.cos(lat1) *
Math.sin(lat2) - Math.sin(lat1) * Math.cos(lat2) * Math.cos(lon1 - lon2));
    if (angle < 0) {
        angle += Math.PI * 2.0;
    }
    angle = angle * degreesPerRadian;
    return angle;
}
```

8.2　淹没分析

淹没分析是根据某片区域的地形及洪水流量速度，动态模拟该地形区域水位逐渐上涨的淹没过程。该功能可适用于山区、丘陵等地形起伏较大区域，模拟洪水涨到安全限定高度的淹没过程，为防洪救灾提供一定的参考。此外，还可为河谷地带修建水利工程设计与选址提供参考依据。

目前在 Cesium 中实现空间淹没分析功能主要利用 polygon 的 extrudedHeight 属性，在地形起伏区域拾取若干个点划定洪水淹没区与洪水上涨限定高度，通过设定时间间隔，洪水从划定区域最低处以 polygon 的方式逐渐上涨，判断水域高度达到洪水限定高度时，停止上涨，淹没过程结束。本书以这种简易实现方法为例介绍 Cesium 的淹没分析应用，读者可以根据具体需求采用其他更精细的方式。通过 polygon 的淹没分析示例代码如下：

```
var entity = viewer.entities.add({
    polygon: {
        hierarchy: Cesium.Cartesian3.fromDegreesArrayHeights(coordinates),
        material: new GV.Color.fromBytes(64, 157, 253, 150),
        perPositionHeight: true,
        extrudedHeight: 0.0,
    }
})
```

132

```
setInterval(function(){                    //计时判断水域高度与目标高度的差值,不断修改
polygon. extrudedHeight
  if (waterHeight < targetHeight) {
    waterHeight += 100
    if (waterHeight > targetHeight) {
      waterHeight = targetHeight
    }
    entity. polygon. extrudedHeight. setValue(waterHeight)
  }
}, 100)
```

8.3 可视域分析

三维可视域分析是计算从某点出发的视线在一定视角范围内能通视的区域,是一种常规的三维空间分析手段。Cesium 没有封装完整的可视域分析方法,本书仅提供可视域分析的简化实现方法,支持水平视角的可视域分析。简单可视域分析思路是:首先确定视点位置,设置可视距离为 1 000 m,可视水平角度为 45°到135°,进而计算视角范围内每隔 1°的视线终点,视点依次相连即为可视域范围,效果如图 8.3 所示,核心代码如下:

```
var tileset = new Cesium. Cesium3D Tileset({      //加载三维瓦片模型
  url: "
});
viewer. scene. primitives. add(tileset);
var viewPoint = Cesium. Cartesian3. fromDegrees(longtitude, latitude, height);   // 观察点
//世界坐标转换为投影坐标
var webMercatorProjection = new
Cesium. WebMercatorProjection(viewer. scene. globe. ellipsoid);
var destPoints = [];   // 目标点集合
//观察点和目标点的距离
var radius = 1000;   // 视距 1000 m
//计算 45°和 135°之间的目标点
for (var i = 45; i <= 135; i++) {
  var radians = Cesium. Math. toRadians(i);   // 角度转弧度
  //计算目标点
  var toPoint = new Cesium. Cartesian3(viewPointWebMercator. x + radius *
Math. cos(radians), viewPointWebMercator. y + radius * Math. sin(radians), 30);
toPoint = webMercatorProjection. unproject(toPoint);   // 投影坐标转大地坐标
  destPoints. push(Cesium. Cartographic. toCartesian(toPoint. clone()));
}
//绘制线
```

```
function drawLine(leftPoint, secPoint, color) {
  viewer.entities.add({
    polyline: {
      positions: [leftPoint, secPoint],
      arcType: Cesium.ArcType.NONE,
      width: 5,
      material: color,
      depthFailMaterial: color
    }
  })
}
function pickFromRay() {
  for (var i = 0; i < destPoints.length; i++) {
    //计算射线的方向,目标点 left 视域点 right
      var direction = Cesium.Cartesian3.normalize(Cesium.Cartesian3.subtract
(destPoints[i], viewPoint, new Cesium.Cartesian3()), new Cesium.Cartesian3());
    var ray = new Cesium.Ray(viewPoint, direction);   //建立射线
    var result = viewer.scene.pickFromRay(ray, objectsToExclude);   //计算相交点
    showIntersection(result, destPoints[i], viewPoint);
  }
}
function showIntersection(result, destPoint, viewPoint) {   // 处理交互点
  //如果是场景模型的交互点,排除交互点是地球表面
  if (Cesium.defined(result) && Cesium.defined(result.object)) {
    drawLine(result.position, viewPoint, Cesium.Color.GREEN);     // 可视区域
    drawLine(result.position, destPoint, Cesium.Color.RED);       // 不可视区域
  } else {
    drawLine(viewPoint, destPoint, Cesium.Color.GREEN);
}
  }
```

图 8.3 Cesium 可视域分析

9 三维仿真模拟

通过计算机图形学技术模拟三维动态物理场景,是研究生活中的自然与非自然现象的重要方法。例如,火灾发生时,火情态势蔓延对人员逃生、消防救火会产生一定影响,通过模拟火势蔓延和人员逃生过程,有助于分析全过程和提高消防应急救援能力。本章将介绍可以实现仿真模拟的 Cesium 粒子系统,及其在火灾消防应急场景中的应用。

9.1 Cesium 粒子系统

Cesium 粒子系统是一种模拟复杂物理效应的图形技术,是由小图像组成的集合,当它们在一起形成更复杂的"模糊"对象时,会形成火、烟、云或烟火等。复杂影像是通过使用诸如初始位置、速度和时间等特性来指定单个粒子的行为来控制的。粒子系统效应在电影和视频游戏中很常见,例如,为了表示火灾对飞机的损害,可以使用粒子系统来模拟飞机引擎上的爆炸,然后使用另一个粒子系统,模拟飞机坠毁时的烟雾轨迹。构建粒子系统的示例代码如下:

```
var particleSystem = viewer.scene.primitives.add(new Cesium.ParticleSystem({
    image : '../../SampleData/fire.png',        // 粒子系统外观
    width : 20,
    height : 20,
    startScale : 1.0,
    endScale : 4.0,
    // 粒子系统行为
    life : 1.0,
    speed : 5.0,
    emitter : new Cesium.CircleEmitter(0.5),        // 发射参数
    rate : 5.0,
    emitterModelMatrix :computeEmitterModelMatrix(),
    modelMatrix :computeModelMatrix(),  // 生命周期
    lifetime : 16.0
}))
```

视频演示:飞机粒子系统

由此产生的粒子系统如图 9.1 所示。

上述代码创建了一个 ParticleSystem,被参数化的对象,它可以随着时间的推

移控制 Particle(粒子对象)的外观和行为。粒子是由 ParticleEmitter(粒子发射体)产生的,在一定时间内存活,然后消亡。

图 9.1　飞机烟雾模拟

粒子系统的配置参数是控制单个粒子的外形和行为、发射体的类型和位置,以及粒子系统本身的位置和生命周期。这里没有颜色属性,而是使用 startColor 和 endColor,它们指定了在出生和死亡时的粒子颜色,颜色在粒子的生命周期中很平稳地混合在这两个值之间,startScale 和 endScale 属性也具有类似特点。其余的参数是静态的,一些粒子样式允许用户指定最大值和最小值,并在该范围内随机分配每个粒子的值。

1. 粒子发射器

当一个粒子诞生时,它的初始位置和速度矢量由 ParticleEmitter 控制。发射器每秒会产生若干粒子,由速率参数控制,初始化速度取决于发射器类型的随机速度。Cesium 具有不同类型的粒子发射器。

(1)BoxEmitter。BoxEmitter 类初始化一个盒子中的随机采样位置的粒子,并将它们从六个盒子的其中一个引导出来,它由 Cartesian3 参数描述盒子宽度、高度和深度尺寸,效果如图 9.2 所示。

```
particleSystem: {
    image: '../../SampleData/fire.png',
    rate: 50.0,
    emitter: new Cesium.BoxEmitter(new Cesium.Cartesian3(10.0, 10.0, 10.0))
}
```

图 9.2　BoxEmitter 类初始化粒子

（2）CircleEmitter。CircleEmitter 类是圆形发射器，在圆形面上随机一个位置发射粒子，粒子方向是发射器朝上的向量。由 float 参数指定其圆形面的半径，效果如图 9.3 所示。

```
particleSystem：{
    image：'../../SampleData/fire.png',
    rate：50.0,
    emitter：new Cesium.CircleEmitter(5.0)
}
```

图 9.3　CircleEmitter 类初始化粒子

如果 Cesium 没有指定发射器类型，则默认会创建一个 circle 发射器。

（3）ConeEmitter。ConeEmitter 类是锥形发射器，在锥体顶点产生粒子，粒子方向为椎体内一个随机向外的角度。由 float 参数描述锥角的大小，锥的方向沿着向上轴，效果如图 9.4 所示。

```
particleSystem：{
    image：'../../SampleData/fire.png',
    rate：50.0,
    emitter：new Cesium.ConeEmitter(Cesium.Math.toRadians(30.0))
}
```

图 9.4　ConeEmitter 类初始化粒子

（4）SphereEmitter。SphereEmitter 类即球形发射器，可以在球体内随机产生粒子，初始速度是沿着球心向外，由 float 参数指定球体半径，效果如图 9.5 所示。

```
particleSystem：{
    image：'../../SampleData/fire.png',
    rate：50.0,
    emitter：new Cesium.SphereEmitter(5.0)
}
```

图 9.5　SphereEmitter 类初始化粒子

2. 粒子发射率

emissionRate 属性控制每秒生成多少个粒子，用来调整粒子密度。可以设定一个爆炸对象的数组，用来控制在某个特定时刻产生爆炸效果，是添加各种爆炸效果的最好方法，示例代码如下：

```
bursts：[
    new Cesium.ParticleBurst({time：5.0, minimum：300, maximum：500}),
    new Cesium.ParticleBurst({time：10.0, minimum：50, maximum：100}),
    new Cesium.ParticleBurst({time：15.0, minimum：200, maximum：300})
]
```

在给定时刻，这些爆炸效果会随机产生粒子，数量在设定的最少值和最多值之间。

3. 生命周期

particleSystem 属性控制着粒子系统的生命周期。默认情况下，粒子系统将永远运行。要设置使粒子系统在一个持续时间内运行，将 lifeTime（生命周期）属性设置为所需的时间段，并将 loop 属性设置为 false。例如，需要运行一个粒子系统持续 5 s，示例代码如下：

```
particleSystem：{
    lifeTime：5.0,
    loop：false
}
```

许多控制粒子行为的属性都是以最小值和最大值成对的形式出现的,这是为了创造现实的效果,例如,粒子的存在时间是最小值和最大值之间的随机值。若将粒子属性的最小值和最大值设置为相等,粒子就不会改变。一般地,每一个被释放的粒子将在最小生命值与最大生命值之间"存活",例如让粒子存在时间为 5～10 s,示例代码如下:

```
particleSystem:{
    minimumLife: 5.0,
    maximumLife: 10.0
}
```

4. 粒子的样式

除了可以用 image 属性指定基本粒子纹理,还可以用颜色来改变粒子,颜色可以在粒子的生命周期内改变,这有助于产生更动态的效果。例如,下面的代码将使火粒子在出生时微红,然后在它们死亡时候过渡到部分透明的黄色。

```
particleSystem:{
    startColor: Cesium.Color.RED.withAlpha(0.7),
    endColor: Cesium.Color.YELLOW.withAlpha(0.3)
}
```

5. 尺寸

通常粒子尺寸通过 imageSize 属性控制。如果想设置一个随机尺寸,每个粒子的宽度在 minimumImageSize.x 和 maximumImageSize.x 之间随机产生,高度在 minimumImageSize.y 和 maximumImageSize.y 之间随机产生,单位为像素。下面代码创建了尺寸大小在 30～60 像素之间的粒子:

```
particleSystem:{
    minimumWidth: 30.0,
    maximumWidth: 60.0,
    minimumHeight: 30.0,
    maximumHeight: 60.0
}
```

与颜色一样,粒子尺寸的倍率在粒子整个生命周期内,会在 startScale 和 endScale 属性之间插值,此属性会使粒子随着时间变大或缩小。下面代码使粒子逐渐变化到初始尺寸的 4 倍:

```
particleSystem:{
    startScale: 1.0,
    endScale: 4.0
}
```

6. 速度

发射器控制了粒子的位置和方向,速度通过 speed 参数或 minimumSpeed 和 maximumSpeed 参数来控制。下述代码让粒子运行速度为 5~10 m/s:

```
particleSystem: {
    minimumSpeed: 5.0,
    maximumSpeed: 10.0
}
```

7. 更新回调

为了提升仿真效果,粒子系统有一个更新回调函数。这是手动更新器,例如,对每个粒子模拟重力或风力影响,或者除了线性插值之外的颜色插值方式等。每个粒子系统在仿真过程中,都会调用更新回调函数来修改粒子的属性。回调函数传过来两个参数,一个是粒子本身,另一个是仿真时间步长。大部分物理效果都会修改速率向量来改变方向或速度。下面是粒子响应重力的示例代码:

```
var gravityScratch = new Cesium.Cartesian3();
function applyGravity(p, dt) {
//计算每个粒子的向上向量(相对地心)
var position = p.position;
Cesium.Cartesian3.normalize(position, gravityScratch);
Cesium.Cartesian3.multiplyByScalar(gravityScratch, viewModel.gravity * dt, gravityScratch);
p.velocity = Cesium.Cartesian3.add(p.velocity, gravityScratch, p.velocity);
}
```

上述函数计算了重力方向,使用重力加速度(-9.8 m/s^2)去修改粒子的速度方向,然后设置粒子系统的更新函数。

```
particleSystem: {
    forces: [applyGravity]
}
```

8. 位置

粒子系统用两组 Matrix4 变换矩阵来定位:一个是 modelMatrix,用于将粒子系统从地理坐标系转换至世界坐标系;另一个是 emitterModelMatrix,在粒子系统局部坐标系中变换粒子系统发射器位置。粒子系统中地理坐标可以单独设定其地理位置,更多的是绑定到地理实体中,如模拟汽车喷尾气、飞机引擎着火等。下面介绍在飞机实体对象中通过矩阵变换绑定粒子系统,模拟飞机着火的情景。首先为粒子系统创建一个飞机实体,在三维场景中添加以下代码:

```
var entity = viewer.entities.add({
    model: {    // 加载飞机模型
```

```
    uri: '../../SampleData/models/CesiumAir/Cesium_Air.gltf',
    minimumPixelSize: 64
    },
    position: Cesium.Cartesian3.fromDegrees( - 112.110693, 36.0994841, 1000.0)
});
viewer.trackedEntity = entity;
```

接下来在场景中添加粒子系统。首先给粒子系统创建一个模型矩阵,这个矩阵与飞机的位置和朝向完全相同,意思是飞机的模型矩阵也要作为粒子系统的矩阵。通过下述代码设置 modelMatrix:

```
function computeModelMatrix(entity, time) {
    //设置实体的位置
    var position = Cesium.Property.getValueOrUndefined(entity.position, time, new
Cesium.Cartesian3());
    if (!Cesium.defined(position)) {
        return undefined;
    }
    //设置实体的方向
    var orientation = Cesium.Property.getValueOrUndefined(entity.orientation, time,
newCesium.Quaternion());
    if (!Cesium.defined(orientation)) {
            var modelMatrix = Cesium.Transforms.eastNorthUpToFixedFrame (position,
undefined, new Cesium.Matrix4());
    }else{
        modelMatrix = Cesium.Matrix4.fromRotationTranslation(Cesium.Matrix3.
fromQuaternion(orientation, newCesium.Matrix3()),position, new Cesium.Matrix4());
    }
    return modelMatrix;
}
```

现在通过模型矩阵将粒子系统绑定到飞机中心点,然后创建局部变换矩阵将粒子发射器平移到飞机引擎上。可以用下述代码计算变换矩阵:

```
// 发射器变换矩阵
function computeEmitterModelMatrix() {
    hpr = Cesium.HeadingPitchRoll.fromDegrees(0.0, 0.0, 0.0, new Cesium.HeadingPitchRoll
());
    var trs = new Cesium.TranslationRotationScale();
    trs.translation = Cesium.Cartesian3.fromElements(2.5, 4.0, 1.0, new Cesium.
Cartesian3());
    trs.rotation = Cesium.Quaternion.fromHeadingPitchRoll(hpr,new Cesium.Quaternion());
    return Cesium.Matrix4.fromTranslationRotationScale(trs, new Cesium.Matrix4());
}
```

现在有了计算变换矩阵的方法，可以用基本的参数来创建粒子系统。示例代码如下：

```
var particleSystem = viewer.scene.primitives.add(new Cesium.ParticleSystem({
    image: '../../SampleData/fire.png',
    startScale: 1.0,
    endScale: 4.0,
    life: 1.0,
    speed: 5.0,
    width: 20,
    height: 20,
    rate: 5.0,
    lifeTime: 16.0,
    modelMatrix: computeModelMatrix(entity, Cesium.JulianDate.now()),
    emitterModelMatrix: computeEmitterModelMatrix()
})));
```

到此分两步实现了将粒子火焰特效放置在飞机的引擎上，如图 9.6 所示。

图 9.6　火焰粒子效应

9.2　火灾消防应急场景

本书§6.3 中已经构建了室内三维场景，并且嵌入了消火栓、灭火器等消防设施，本节在上述内容基础上进一步模拟火势与人员应急逃生场景。主要思路是通过上一节粒子系统方法模拟建筑物室内火势的演变过程，然后使用 CZML 动态展示室内人员应急逃生过程。示例代码如下所示，效果如图 9.7 所示。

```
// 定义 viewModel 对象，主要包含粒子系统所需设置的参数
var viewModel = {
    emissionRate: 1.0,
    gravity: 0.0,
    minimumParticleLife: 1.0,
```

```
    maximumParticleLife: 6.0,
    minimumSpeed: 1.0,
    maximumSpeed: 4.0,
    startScale: 0.0,
    endScale: 10.0,
    particleSize: 55.0,
    transX: 2.5,
    transY: 4.0,
    transZ: 1.0,
    heading: 0.0,
    pitch: 0.0,
    roll: 0.0,
    fly: true,
    spin: true,
    show: true
};
```

视频演示:室内消防演练

```
// 定义粒子系统,是最核心部分
var particleSystem = scene.primitives.add(new Cesium.ParticleSystem({
        image: 'SampleData/fire.png',          //加载火苗样式图,用于模拟火焰
        startColor: Cesium.Color.RED.withAlpha(0.7),      //火势开始颜色
        endColor: Cesium.Color.YELLOW.withAlpha(0.3),     //火势最终颜色
        startScale: viewModel.startScale,    //火势开始尺度
        endScale: viewModel.endScale,    //火势最终尺度
        minimumParticleLife: viewModel.minimumParticleLife,    //火势最短持续时间
        maximumParticleLife: viewModel.maximumParticleLife,    //火势最长持续时间
        minimumSpeed: viewModel.minimumSpeed,     //火势最小速度
        maximumSpeed: viewModel.maximumSpeed,     //火势最大速度
        imageSize: new Cesium.Cartesian2(viewModel.particleSize,viewModel.particleSize),
        emissionRate: viewModel.emissionRate,
        lifetime: 160.0,
        emitter: new Cesium.CircleEmitter(5.0),  //采用圆形发射器
        modelMatrix: computeModelMatrix(entity44, Cesium.JulianDate.now()),
        emitterModelMatrix: computeEmitterModelMatrix()
})));
```

　　然后采用 CZML 动态模拟室内人员沿疏散路线逃离火灾现场的过程,逃生路线事先从室内三维场景中采集经纬度坐标,然后放到 CZML 中以时间戳的方式加载逃生路线模拟人员逃生疏散。效果如图 9.8 所示,定义 CZML 的示例代码如下:

```
var czml1 = [{
    "id" : "document",
    "name": "CZML Path",
    "version": "1.0"
},{
    "id": "path1",
    "availability": "2012-08-04T10:00:00Z/2012-08-04T10:01:00Z",
    "model":{
        id:'man',
        gltf:'SampleData/models/CesiumMan/Cesium_Man.glb',
        scale:1.5
    },
    "position": {
        "epoch": "2012-08-04T10:00:06Z",
        "cartographicDegrees":[0, 116.345, 39.997, 1.332, 0.5, 116.345, 39.997,
1.332,1, 116.345, 39.997, 1.336,……]     // 逃生路径数组
    }
}]
```

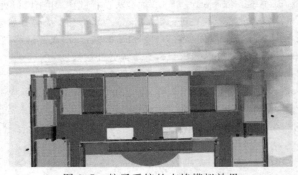

图 9.7　粒子系统的火焰模拟效果

图 9.8　人员逃生过程模拟

10 Cesium 开发实例

前文以专题形式介绍了 Cesium 开发的基础知识和实现方法，但各部分内容都是针对某一特定场景进行的，为了降低理解难度，尽量避免同时涉及多种开发技术。任何一个实际开发或应用工程都涉及方方面面知识，为了让读者理解不同知识的综合应用，本章将以中国矿业大学（北京）三维虚拟校园系统开发为例，从系统设计、数据处理、功能开发全流程介绍如何利用 Cesium 实现整个系统。

10.1 系统总体设计

中国矿业大学（北京）三维虚拟校园系统旨在基于 Cesium 和 HTML5 技术汇集多源静动态信息，融入三维实体模型数据、三维表面模型数据、全景数据、实时动态信息、视频数据、校园设施数据等全方位信息，支持三维场景可视化、空间数据管理与查询、实时信息发布、人机交互、监控视频传输与嵌入的虚拟校园系统。

10.1.1 系统总体架构

三维虚拟校园系统采用三层 B/S 架构（图 10.1），分别为表现层、服务器、数据层。表现层基于 Cesium 三维引擎，结合 JQuery、Bootstrap 等前端框架进行系统界面设计，并引入全景图漫游制作引擎 krpano 进一步丰富系统功

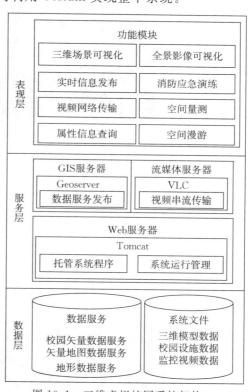

图 10.1 三维虚拟校园系统架构

能。服务器端主要负责前后端数据交互、分析和操作，包含 Web 服务器、GIS 服务器和 VLC 流媒体服务器。其中 Web 服务器采用 Tomcat，主要承担整个 Web 项目的启动和运行。GIS 服务器采用开源的 GeoServer 发布地理数据服务，以供 Cesium 调用。VLC 流媒体服务器负责视频流的 Web 传输，包括转码、推流、存储等功能。数据层主要包括数据服务和系统文件两大类。数据服务包括矢量地图数

据服务和地形数据服务及校园基础地理信息数据服务；系统文件包括校园设施数据、三维模型数据和视频数据等，校园设施数据以消防数据为主，三维模型数据是系统主要数据。

10.1.2　系统界面设计

　　系统界面设计比较简约，主要分为三部分：头部标题栏、左侧导航栏和右侧内容窗口。系统界面设计引用 Bootstrap 框架固定样式，通过 HTML5 和 CSS3 语言，搭建系统界面如图 10.2 所示，具体代码不再展开介绍。

视频演示：校园漫游功能

图 10.2　系统界面

　　左侧导航栏分为单位、生活、室内、全景和消防几个类别，如图 10.3 所示。单位中包含行政单位、学院、教学楼和其他单位设施，默认行政单位为 1 号办公楼。图 10.4 显示了生活类设施界面，包含餐厅、公寓、运动场及其他生活设施。图 10.5 显示了室内界面，可切换到室内场景。图 10.6 显示全景图，包含学校内代表性的场景点。图 10.7 为消防设施界面，呈现教学楼的消防应急演练场景。主窗口右侧有三个小按钮，从上到下分别是图层按钮，用于切换各类在线图层；三维场景按钮，用于切换精细模型、简易模型和倾斜摄影模型；量测按钮，用于进行空间距离和面积测量。

图 10.3　单位类设施显示界面

图 10.4 生活类设施显示界面

图 10.5 室内显示界面

视频演示：校园室内效果

图 10.6 校园全景图

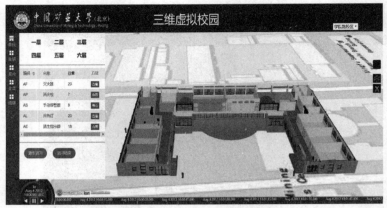

图 10.7　消防设施界面

10.1.3　系统功能设计

　　本系统功能设计按照三维虚拟校园系统理念,以融合全息化信息进行全方位地理信息表达为主,分为三维场景可视化、实时动态信息发布、设施浏览与信息查询、空间计算四大功能模块,详细功能如图 10.8 所示。

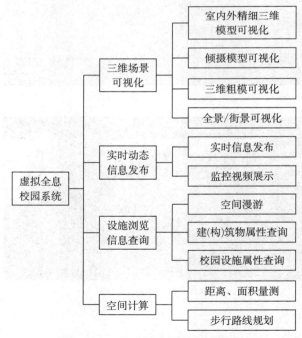

图 10.8　三维虚拟校园系统功能设计

10.2　系统功能实现

10.2.1　室内外三维场景可视化

室内外三维场景可视化主要分为室内、室外场景,室外场景又分多种数据源:精细三维模型、简易三维模型及倾斜摄影模型。虽然数据类型有所不同,但数据处理方式相同,都是将三维模型数据转换为 3D Tiles 数据格式,然后加载到 Cesium 中。示例代码如下所示:

```
//通过 Cesium3D Tileset API 调用 3D Tiles 数据
var tileset = viewer.scene.primitives.add(new Cesium.Cesium3D Tileset({
  url: './xxx/tileset.json'
}));
//设定相机事件,将视角缩放至模型
tileset.readyPromise.then(function () {
  var boundingSphere = tileset.boundingSphere;
  viewer.camera.viewBoundingSphere(boundingSphere, new
Cesium.HeadingPitchRange(0.0, - 0.5, boundingSphere.radius));
})
```

室内外三维场景构建方法和数据处理过程已经在 §6.2 和 §6.3 详细论述,这里不再展开介绍。

三维全景影像图主要通过对一个物体或空间进行 360°全景观察,真实表现场景的全部图像信息。它能给浏览者带来身临其境的感觉,弥补了传统虚拟现实技术的困难和不足,降低了应用的环境要求,使用也更为方便。krpano 是一款 Flash 三维全景播放器,以体积小巧、灵活和高性能著称,是当今较流行的互动三维全景播放器,可用于各种全景图像和互动虚拟旅游模式。除了 krpano Viewer 之外,还有 krpano 工具可根据拖放图片生成全景图像。

首先下载 krpano 软件,下载、解压后如图 10.9 所示。鼠标双击 krpano Testing Server. exe 打开服务器,这样 krpano 里面一些案例就可以运行在本地服务器。

krpano 需要的环境已经搭建完毕,这里以一栋名为民族楼的建筑为例介绍三维全景图生成方法,通过智能相机全景模式拍摄民族楼东广场全景图,如图 10.10 所示。然后将图片拖放到 MAKE VTOUR(MULTIRES)droplet. bat 批处理文件上,此时会自动生成一个 vtour 文件,里面的初始文件如图 10.11 所示。

接下来,将整个三维全景项目集成到虚拟校园系统的全景模块,其中需要更改 tour. html 中的样式以适应虚拟校园系统的界面,当点击查询全景影像时,效果如

图 10.12 所示。

名称	修改日期	类型	大小
templates	2017/5/12 17:57	文件夹	
viewer	2017/5/12 17:57	文件夹	
vtour	2018/10/19 16:41	文件夹	
Convert CUBE to SPHERE droplet.bat	2014/12/8 21:20	Windows 批处理...	2 KB
Convert SPHERE to CUBE droplet.bat	2014/12/8 21:20	Windows 批处理...	1 KB
ENCRYPT XML droplet.bat	2014/12/8 21:20	Windows 批处理...	1 KB
krpano Testing Server.exe	2016/9/30 11:57	应用程序	2,656 KB
krpano Tools.exe	2016/9/30 11:58	应用程序	74,500 KB
krpanotools32.exe	2016/9/30 11:56	应用程序	1,417 KB
krpanotools64.exe	2016/9/30 11:57	应用程序	1,607 KB
license.txt	2016/3/31 21:24	文本文档	9 KB
MAKE OBJECT droplet.bat	2014/12/8 21:20	Windows 批处理...	1 KB
MAKE PANO (FLAT) droplet.bat	2014/12/8 21:20	Windows 批处理...	1 KB
MAKE PANO (MULTIRES) droplet.bat	2014/12/8 21:20	Windows 批处理...	1 KB
MAKE PANO (NORMAL) droplet.bat	2014/12/8 21:20	Windows 批处理...	1 KB
MAKE PANO (SINGLE-SWF) droplet.b...	2014/12/8 21:20	Windows 批处理...	1 KB
MAKE VTOUR (MULTIRES) droplet.bat	2014/12/8 21:20	Windows 批处理...	1 KB
MAKE VTOUR (NORMAL) droplet.bat	2014/12/8 21:20	Windows 批处理...	1 KB
releasenotes.txt	2016/4/7 15:08	文本文档	147 KB

图 10.9　krpano 软件目录

图 10.10　民族楼东广场全景图

名称	修改日期	类型	大小
panos	2018/10/19 16:41	文件夹	
plugins	2018/10/19 16:41	文件夹	
skin	2018/10/19 16:41	文件夹	
tour.html	2018/10/19 16:41	Chrome HTML D...	2 KB
tour.js	2018/10/19 16:41	JS 文件	142 KB
tour.swf	2018/10/19 16:41	媒体文件 (.swf)	106 KB
tour.xml	2018/10/19 16:41	XML 文档	11 KB
tour_editor.html	2018/10/19 16:41	Chrome HTML D...	3 KB
tour_testingserver.exe	2018/10/19 16:41	应用程序	139 KB
tour_testingserver_macos	2018/10/19 16:41	文件	169 KB

图 10.11　vtour 全景文件

视频演示:校园全景场景

图 10.12　民族楼全景图

10.2.2　实时动态信息发布

1. 校园公共信息发布

三维虚拟校园平台可作为校园通知发布平台,可以上传通知公告、发布学术报告通知等消息,如图 10.13、图 10.14 所示。本系统以动态纹理映射的方式,通过 Cesium 中的 material 类将校园实时信息嵌入到校园三维场景中,实现了实时信息发布与在线信息查看。

图 10.13　校园公告

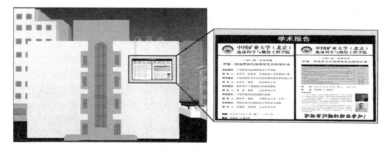

图 10.14　学术报告通知

实现校园信息发布,首先通过 WallGeometry 类构建公告板模型,用于存放公告通知,代码如下:

```
//选取构造 wall 的两角点坐标和高程
var pArray = [116.34453261995247，39.996079774527296，14.546905094954552，
            116.34453261396283，39.99601663806494，14.526901883324383];
//构建 wall 实例
var instance = new Cesium.GeometryInstance({
        geometry: new Cesium.WallGeometry({
            positions: Cesium.Cartesian3.fromDegreesArrayHeights(pArray)，
            minimumHeights: [10.740020872891446，10.740020872891446]
        })
    });
```

公告信息发布原理方法如图 10.15 所示，其中 (u_i, v_i) 表示二维纹理坐标，(lon_i, lat_j, h_k) 表示经纬度地理坐标和高程，(x_i, y_i) 表示二维屏幕坐标。在地理实体模型中，选择与地面垂直平面中 4 个点，根据点-点到映射关系，将带有实时信息的表面纹理映射到三维实体模型中 $(u_i, v_i) \rightarrow (lon_i, lat_j, h_k)$，然后以三维世界坐标为媒介，实现 $(lon_i, lat_j, h_k) \rightarrow$ 世界坐标 $\rightarrow (x_i, y_i)$，将信息显示在屏幕中。在此基础上每则校园信息设置对应的时间间隔 (u_i, v_i, t)，实现校园信息动态更新发布。

在系统中将公告信息映射到图片纹理中，然后通过 material 类依附到 wall 中，核心代码如下：

```
var material = Cesium.Material.fromType('Image');
 material.uniforms.image = 'photo3.png';
 viewer.scene.primitives.add(new Cesium.Primitive({
        geometryInstances: instance，
        appearance: new Cesium.MaterialAppearance({
            closed: false,
            material: material
        })
})))
```

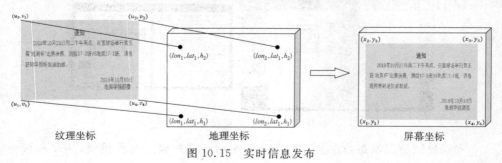

图 10.15 实时信息发布

2. 视频监控数据发布

监控与实际地理位置匹配对于判别监控所覆盖的区域具有重要作用。本文将监控模型 id 与网络监控的 IP 地址建立关联，获取 VLC 串流后的视频 URL，通过＜video＞标签加载视频流数据。VLC 是一款自由、开源的跨平台多媒体播放器及框架，可播放大多数多媒体文件，包括 DVD、音频 CD、VCD 及各类流媒体协议。如图 10.16 所示，打开软件选择媒体，打开网络串流，输入网络监控地址，然后点击串流生成实时流数据。

图 10.16　VLC 界面图

接下来将监控流数据接入到三维场景中，并支持在线查看。将制作好的监控模型加载到校园虚拟系统中，点击监控模型获得其所对应的监控视频。总体思路是借助 HTML5 Video 属性，链接监控视频地址，当用户点击监控模型时，监控视频显示到 div 中。所以，需要动态构建 div 用于显示监控视频，并且该 div 应该能随场景移动但相对位置不变，因此需要实时监听场景的位置变化，并不断给 div 赋值。具体代码如下：

```
var _position, _pm_position, _cartesian, max_width = 300, max_height = 500;
//创建div
var infoDiv0 = window.document.createElement("div");
infoDiv0.id = "trackPopUp0";
infoDiv0.style.display = "none";
```

```
//引入 BoostStrap 前端样式
infoDiv0.innerHTML = '<div id = "trackPopUpContent0" class = "leaflet - popup" >' +
    '<a id = "close0" class = "leaflet - popup - close - button" href = "javascript:void
(0)">×</a>' +
    '<div class = "leaflet - popup - content - wrapper">' +
    '<div id = "trackPopUpLink0" class = "leaflet - popup - content" style = "max -
width: ' + max_width + 'px;max - height: ' + max_height + 'px"><video class = "video
- js" controls preload = "auto" autoplay = "autoplay" width = "250px" height = "160px"
data - setup = "{}">\n' +
    '<source src = "http://10.4.64.65:8081/test" type = "video/ogg">\n' +    //添加
监控在线网址
    '</video></div>' +
    '</div>' +
    '<div class = "leaflet - popup - tip - container">' +
    '<div class = "leaflet - popup - tip"></div>' +
    '</div>' +
    '</div>';
```

接下来监听鼠标单击事件。当点击监控模型时显示 div 和监控视频，并且拖动场景时，div 与监控模型相对位置保持不变。如图 10.17 所示，以校内某监控器为例，选中监控器模型能实时显示监控视频，并能根据周边三维场景迅速判断出监控的覆盖区域，节省了场景判别时间。

```
//监听鼠标单击事件
var handler = new Cesium.ScreenSpaceEventHandler(viewer.scene.canvas)
handler.setInputAction(function (click) {
    //鼠标点击位置的笛卡儿坐标
    var cartesian = viewer.scene.pickPosition(click.position);
    var picks = Cesium.SceneTransforms.WGS-84ToWindowCoordinates(scene, cartesian);
    var pm_position = {x: picks.x, y: picks.y};
    var pickedObject = scene.pick(click.position);
    if (pickedObject instanceof Cesium.Cesium3DTileFeature){
        var featureName = pickedObject.getProperty('file');
        //确定是否点击模型
        if (featureName === '监控') {
            //添加前文所创建的 div
            window.document.getElementById("cesiumContainer").appendChild(infoDiv0);
            window.document.getElementById("trackPopUp0").style.display = "block";
            var _pm_position_2 = {"x":0,"y":0 };
            //获取 div 的宽度和高度
```

```
            var popw = document.getElementById("trackPopUpContent0").offsetWidth;
            var poph = document.getElementById("trackPopUpContent0").offsetHeight;
            var trackPopUpContent = window.document.getElementById("trackPopUpContent0");
            //监听 div 位置变化,当场景移动时不断更改位置
            viewer.scene.postRender.addEventListener(function () {
                if (pm_position !== _pm_position_2) {
                    _pm_position_2 = Cesium.SceneTransforms.WGS-84ToWindowCoordinates
(scene, cartesian);
                    trackPopUpContent.style.left = (_pm_position_2.x - 21) + "px";
                    trackPopUpContent.style.top = (_pm_position_2.y - 21) + "px";
                    _pm_position_2 = null;
                }
            });
        }
    }
}, Cesium.ScreenSpaceEventType.LEFT_CLICK);
```

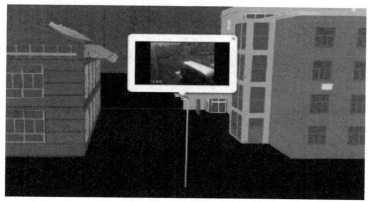

图 10.17　校园监控视频

10.2.3　设施浏览与信息查询

　　导航栏中定义了单位和生活两大类设施,为每个标签定义了单击事件。当点击相应标签,如民族楼时,如图 10.18 所示,视域范围自动定位到民族楼上空,形成一个俯视的姿态。示例代码如下:

```
// 定义飞行函数
var fly = function (x3, y2, z2, d) {
    viewer.camera.flyTo({                //设置视角
        destination: Cesium.Cartesian3.fromDegrees(x3, y2, 80.0),
```

```
    orientation: {
        heading: Cesium.Math.toRadians(z2),     // 视线姿态 heading
        pitch: Cesium.Math.toRadians(-d),       // 视线姿态 pitch
        roll: 0                                 // 视线姿态 roll
    }
})
}
// 对应的 HTML 中调用 fly 函数,传入特定参数。
<li onclick = "fly(116.345485, 39.994573, -20, 30)">
    <img id = "jxllogo2" src = "images/icon_map.jpg" >
    <span class = "jxlxh2">2</span>
    <span class = "jxl2" onclick = "">民族楼</span>
</li>
```

图 10.18　空间漫游

接下来基于 3D Tiles 的 pick 属性,给模型设定属性信息。进一步点击民族楼模型时,可进行属性信息查询,示例代码如下:

```
var selectedEntity = new Cesium.Entity();        // 定义一个待选 Entity
viewer.screenSpaceEventHandler.setInputAction(function onLeftClick(movement) {
  var pickedFeature = viewer.scene.pick(movement.position);  // 位置拾取
  if (pickedFeature instanceof Cesium.Cesium3DTileFeature){   // 判断拾取的位置是否
属于 3D Tiles
    var featureName = pickedFeature.getProperty('file');
    if (featureName === '民族楼'){        // 判断名称是否相同
        viewer.selectedEntity = selectedEntity;    // 将待选 Entity 送到 viewer.
selectedEntity,可触发消息事件
        selectedEntity.name = '逸夫楼'; // 设置显示名称
        //设置显示的详细信息
        selectedEntity.description = '<img width = "100%"  src = "image/minzu.jpg">\
        <p>民族楼建于 1955 年,是梁思成先生设计建造,目前主要作为国家重点实验室\
```

```
            </p>\
            <p>\资源：<a style = "color：WHITE" target = "_blank"\
            href = "http://crsm.cumtb.edu.cn/">媒体资源与安全开采国家重点实验室
网站</a>\
            </p>'
        }
    }
}, Cesium.ScreenSpaceEventType.LEFT_CLICK);
```

图 10.19　属性信息查询

10.2.4　空间量测

　　本系统设定两种空间量测功能：
距离量测和面积量测。Cesium 以三维
地球椭球体为基础，本系统根据地球
椭球参数，解决二维屏幕坐标到三维
空间直角坐标的转换，然后由三维空
间直角坐标到地理坐标的转换，进而
根据地理坐标求算空间距离与空间面

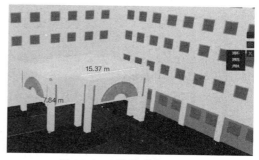

图 10.20　测距功能展示

积。系统按照真实建筑尺寸 1∶1 构建三维模型，故能准确获得真实尺寸，如
图 10.20 所示，解决了日常生活中屋顶或高处难测量的困难。空间量测详细代码
在 § 8.1 已详细介绍，此处部分示例代码如下：

```
//二维屏幕坐标到三维空间直角坐标转换
var pick1 = scene.globe.pick(viewer.camera.
getPickRay(pt1), scene)
//三维空间直角坐标到地理坐标转换
var geoPt1 = scene.globe.ellipsoid.
cartesianToCartographic(pick1)
```

10.2.5　消防设施管理

消防设施管理对于提高校园消防能力具有重要作用,室内消防设施种类较多,大致分为灭火类、报警类和指示类。灭火类设施包含灭火器和消火栓,报警类设施主要是烟感、温感设备及火灾报警器等,指示类设施通常是应急指示牌和应急照明灯。本系统以教学楼建筑为例,采集消防设施数据,查明消防设施使用方法,获得每层消防设施分布图。

最终需要将消防设施展示在三维虚拟校园系统中,根据每个消防设施的实际地理位置加载到三维建筑场景中,示例代码如下:

```
function ap(x, y,z,d,id) {   // 消火栓加载函数
    var position = Cesium.Cartesian3.fromDegrees(x, y,z);   //定义其位置
    var hpRoll = new Cesium.HeadingPitchRoll(Cesium.Math.toRadians(d), 0, 0); //方向
    var orientation = Cesium.Transforms.headingPitchRollQuaternion(position, hpRoll);
    var entity = viewer.entities.add({
        id: id,
        position: position,
        orientation: orientation,
        model: {
            uri: 'gltf/xiaofangsheshi/xiaohuoshuan.gltf',   //加载消火栓模型
            scale: 1.5   //设置模型比例为 1.5 倍
        },
        description: '\   //以 HTML 标签形式设定消火栓属性信息
            <img width = "50%" style = "float:left;margin:0 1em 1em 0;" src = "img/ xhs.
png"/>\
            <p>功能:</p>\
            <p>消火栓套装一般由消防箱、消防水带、水枪、接扣、栓、卡子等组合而成,室内
消火栓可以直接连接水带、水枪出水灭火。</p>\
            <p>使用方法:</p>\
            <p>\1. 打开消火栓门,按下内部火警按钮。2. 一人接好枪头和水带奔向起火
点。3. 另一人接好水带和阀门口。4. 逆时针打开阀门水喷出即可。注:电起火要确定切断
电源。</p>'
    });
}
```

调用上述函数方法传入经纬度、高程、方向值及 id 编号,可将消火栓模型加载到三维场景中,并且根据设定的空间信息可以查询其相关属性信息,如图 10.21 所示。将消火栓部署到相应位置,可查看消火栓的空间属性信息,包括消火栓图片、消火栓功能和使用方法等,可用于在线消防知识科普,提高学生的应急消防能力。

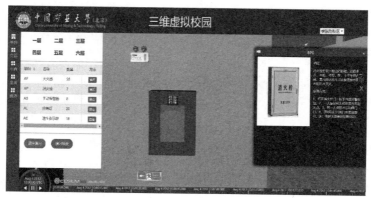

图 10.21　消火栓属性查询

　　消防设施相对于整个建筑来说,尺寸较小,不易直接从外部查看消防设施分布情况和查询各类消防设施数量。为此引入 layui 前端框架,可以直接从 JSON 文件、后端数据库获取消防设施统计数据,然后以表格形式显示各层各类消防设施的数量,并且通过 label 标注消防设施的分布情况,示例代码如下:

```
// 消火栓图标加载函数
function apt(x,y,id) {
    var billboards = scene.primitives.add(new Cesium.BillboardCollection());
    var position = Cesium.Cartesian3.fromDegrees(x, y, 7.4185444959741014);
    var entity = viewer.entities.add({
        id:id,
        name:'消火栓',
        position: position.
        billboard:{
                image:'images/shuiqiang.png'.
                scale: 0.1
        },
        show:false
    });
}
```

　　以上是消火栓图标加载函数,其他设施采用类似方式处理即可。

```
// 第一层消防设施数据
var data1 = [{
        "code": "AF",          //统计消防设施编码
        "name":"灭火器",        //统计消防设施名称
        "amount":"23"          //统计消防设施数量
    },{
```

```
        "code": "AP",
        "name":"消火栓",
        "amount":"7"
    },{
        "code": "AS",
        "name":"手动报警器",
        "amount":"8"
    },{
        "code": "AL",
        "name":"应急灯",
        "amount":"20"
    },{
        "code": "AE",
        "name":"逃生指示牌",
        "amount":"18"
    }
]
```

　　以上内容是第一层消防设施统计数据,然后将其绑定到 layui 表格中,并且添加点击事件,点击表格内容显示设施图标空间分布。

　　如图 10.22 所示,点击表格中灭火器字段,则右侧场景中显示灭火器图标及空间分布情况,用户可根据灭火器数量及空间分布情况判定消防设施数量是否满足需求,空间分布是否合理,为提高校园消防能力提供参考。

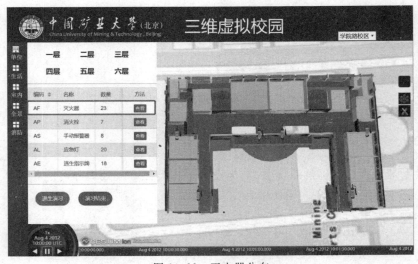

图 10.22　灭火器分布

参考文献

龚健雅,秦昆,唐雪华,等,2019.地理信息系统基础[M].2 版.武汉:武汉大学出版社.

郭明强,2016.WebGIS 之 OpenLayers 全面解析[M].北京:电子工业出版社.

孔祥元,郭际明,刘宗泉,2010.大地测量学基础[M].2 版.武汉:武汉大学出版社.

李建松,2006.地理信息系统原理[M].武汉:武汉大学出版社.

孟令奎,史文中,张鹏林,等,2020.网络地理信息系统原理与技术[M].3 版.北京:科学出版社.

COZZI P,RING K,2011.3D Engine Design for Virtual Globes[M].Boca Raton:CRC Press.

DIRKSEN J,2019.Three.js 开发指南[M].周翀,张薇,译.北京:机械工业出版社.